미니멀 엄마표 영어

바른 교육 시리즈 ⑯

미니멀 엄마표 영어

초판 1쇄 발행 2021년 4월 29일
초판 3쇄 발행 2021년 5월 26일

지은이 이민숙

대표 장선희 **총괄** 이영철
책임편집 정시아 **기획편집** 이소정
마케팅 최의범, 강주영, 이정태
디자인 최아영
표지 일러스트 하효정(@illustrator_ha)

펴낸곳 서사원
출판등록 제2018-000296호
주소 서울시 마포구 월드컵북로400 문화콘텐츠센터 5층 22호
전화 02-898-8778
팩스 02-6008-1673
이메일 seosawon@naver.com
블로그 blog.naver.com/seosawon
페이스북 www.facebook.com/seosawon
인스타그램 www.instagram.com/seosawon

ISBN 979-11-90179-75-1 13590

서사원은 독자 여러분의 책에 관한 아이디어와 원고 투고를 설레는 마음으로 기다리고 있습니다. 책으로 엮기를 원하는 아이디어가 있으신 분은 이메일 seosawon@naver.com으로 간단한 개요와 취지, 연락처 등을 보내주세요.
고민을 멈추고 실행해보세요. 꿈이 이루어집니다.

미니멀 엄마표 영어

흔들리지 않고
지속 가능한

이민숙 지음

• 들어가며 •

지금으로부터 23년 전, 첫째 아이와 함께 엄마표 영어를 시작했다. 불과 20여 년 전이지만 시간을 거슬러 올라가면 지금과 사뭇 다른 상황이 펼쳐진다. 우선 인터넷은 모뎀을 이용해 전화선으로 연결해야 했다. 접속해서 이것저것 보면 금세 전화 요금 폭탄을 맞기 일쑤였다.

고리타분하지만 '라떼는 말이야' 지금처럼 입에 떠먹여 주는 양질의 영어 콘텐츠를 눈 씻고 찾아봐도 찾을 수 없었다. 나름 유아 영어에 관심도 많고 소신껏 실천하는 부모들은 있었겠지만 정보가 하나로 모이는 플랫폼은 없었다.

모국어 이외에 다른 언어를 능통하게 하고 싶다는 바

람은 누구나 갖고 있을 것이다. 특히 세계 공용어인 영어를 잘하면 다양한 경험을 할 수 있는 기회가 주어지고 선택할 수 있는 폭이 넓어진다. 한마디로 인생을 즐겁게 살 수 있는 날개를 다는 것이다. 영어를 따로 배우지 않아도 되니 다른 사람보다 빠르게 세계 무대로 나아갈 수 있고, 좋아하는 일을 하거나 직업을 선택할 때도 당당히 내가 가진 능력을 펼칠 수 있다.

20여 년 전에는 유아 영어 전문 서점이 강남에 '킴앤존슨'이라는 곳뿐이었다. 있는 게 다행이라고 해야 할, 그야말로 '엄마표 영어의 개척시대'였다. 아쉬우면 더 아끼게 되는 법. 서울에 가면 서점부터 들러 영어 그림책 《The Very Hungry Caterpillar》와 《Brown Bear, Brown Bear What Do You See?》, 노래 테이프 〈Wee Sing For Baby〉를 샀다. 태어나서 영어 그림책을 처음 봤는데 책이 너무 예뻐서 괜스레 가슴이 두근거렸다.

책과 테이프를 소중한 보물처럼 품에 감싸 안고 돌아와 나의 교육 목표 '3S, Self-esteem, Self-directed learning, Save money'를 세웠다. 이것은 단기간에 승부를 낼 수 없는 목표였기에 엄마표 영어도 철저히 이 기준을 따라 듣기와 읽기에 10년을 쏟기로 했다.

영어를 듣지 않으면 자연스럽게 말을 할 수 없다. 말하기와 쓰기는 충분히 들은 후 아이의 몫으로 넘기기로 하고 일단 노래 테이프를 틀었다. 시작이 중요하다.

유아에게 문화적 배경이 다른 언어를 받아들이게 하려면 모국어를 튼튼히 깔아놓아야 한다. 그래서 제일 먼저 시작한 게 한국 책 읽어주기였다. 유모차를 끌고 도서관에 가서 한국말 책을 한 아름 빌려와 목이 터져라 읽어줬다. 엄마표 영어를 실천하면 기관을 왔다 갔다 하는 시간보다 집에서 엄마와 책을 읽거나 아이가 혼자만의 시간을 갖는 게 훨씬 중요하다고 느껴진다. 정서적 밥을 충분히 먹어야 하는 나이. 재밌게 노는 게 아이의 일인데 사교육으로 그 몰입을 끊지 않는 게 중요했다. 실제로 세 아이가 초등학교를 다닐 때도 학습을 위한 사교육을 하지 않았다.

지극히 아날로그적으로 가늘고 길게 이어간 엄마표 영어는 시작은 미약했으나 끝(고3. 의무적으로 학교에서 영어를 배우는 시기)은 창대했다.

아날로그 엄마표 영어로 자란 세 아이는 자기 주도 학습으로 학교 공부를 이끌어 나갔다. 초등학교를 졸업할 때쯤 스스로 가고자 하는 학교를 선택해서 국제중, 특목고에 도전해 합격했다. 고등학교 때 토플 120점 만점에 119점을 받았고, 영어 국가대표로 뽑혀 세계대회에 도전해 2등을 했다. 원하는 곳으로 대학도 갔다. 아이들은 지금도 목표를 이루면 거기서 머물지 않고 계속 더 높은 목표를 갖고 나아간다.

엄마표 영어를 시작하고 성공적으로 마칠 수 있는 노하우는 생각보다 심플하다. 영어를 못하는 엄마도 잘하는 엄마도 누구나 할 수 있다. 아이들에게는 영어 뿌리를 튼튼히 내릴 수 있는 가장 쉬운 방법이기도 하다. 조금씩, 천천히, 꾸준히 하면 공부 머리로까지 이어지는 것이 엄마표 영어의 장점이다. 겁내지 말고 지금부터 가성비 갑, 효과 최고인 엄마표 영어의 바다로 풍덩 빠져보자.

이민숙

• Contents •

Ⅱ 〔초등 시기〕

나무가 아닌 숲을 보아야 한다

Ⅲ 〔중 · 고등 시기〕
영어도 마음도 무르익는 아이들

Ⅳ
엄마표 영어, 꿈을 이루다

특별 부록

I

〔영유아 시기〕

엄마표 영어 교육은 미니멀하게!

엄마표 영어를 왜 시작했냐면요

결혼과 동시에 남편의 직장을 따라 지방으로 내려갔다. 아는 사람 하나 없는 곳에서 신혼살림을 차리고 첫째 아이를 낳았다. 오롯이 아이와 둘만 있어야 했던 그 시간은 외롭고 힘들었지만 돌이켜보면 정서적 교감을 나눌 수 있었던 행복한 시간이기도 했다. 내게는 꼬물거리는 이 생명체를 잘 키워내야 한다는 거룩한 사명감이 있었다. 그래서 아이를 잘 키우기 위한 나만의 3가지 기준을 만들었다. 일명 '3S'. 3S란 'Self-esteem(자존감)이 높은 아이로 키우기', 'Self-directed learning(자기 주도 학습)이 가능한 아이로 키우기', 'Save money(저축)를 통해 아이와 다양한 경험을 하기'의 약자이다.

Self-esteem(자존감)

자존감이 높은 사람은 자기 자신을 사랑할 줄 안다. 자기를 사랑하는 아이는 어떤 일을 실패하더라도 금방 추스르고 일어날 힘을 갖는다. 아이의 자존감을 높여 줄 수 있도록 긍정적인 대화도 많이 나누고 다양한 경험을 해야겠다고 생각했다.

Self-directed learning(자기 주도 학습)

자기 주도 학습을 하는 아이는 공부 외에 새로운 것을 배울 때도 본인이 해야 할 일을 스스로 결정할 수 있다. 나는 부모의 욕심으로 아이가 원치 않는 사교육을 강요당해 톱니바퀴처럼 학원만 왔다 갔다 하며 소중한 시간을 낭비하거나 부모 없이는 아무것도 못하는 수동적인 아이로 키우지 않겠다고 다짐했다.

Save money(저축)

교육이라는 명목으로 좋다는 건 무조건 시키거나 사들이면서 낭비하게 되는 쓸데없는 지출을 줄이기로 했다.

그 대신 적금을 부어 목돈을 만들고 정말 필요할 때나 아이가 어느 정도 자라 다양한 경험을 하는 데 쓰자고 다짐했다.

나의 3S 교육 기준을 완벽하게 충족시키는 것을 찾아봤다. 그것은 바로 '책'이었다. 아이의 삶 중심에 책이 있었으면 싶었다. 책은 평생 가는 자산이자 친구이자 든든한 멘토일 테니까. 나는 아이들에게 물질적 자산보다는 정신적 자산을 물려주고 싶었다. 급변하는 사회에서 나를 지지해주고 지탱해주는 버팀목을 찾을 수 있게 전략을 짜야 했다. 그래서 책도 읽고 영어도 잘할 수 있는 '엄마표 영어'를 선택했다.

그러나 가끔 엄마표 영어를 하고 있는 게 불안했었다. 지금처럼 엄마표 영어가 익숙한 시기도 아니었기에 가는 길마다 모험이 도사리는 듯했다. 무소의 뿔처럼 혼자서 가고 있노라면 걱정스럽고 외롭기도 했다.

주변 엄마들이 갖고 있는 카더라 통신이나 인터넷에 지나치게 콘택트Contact를 하면 나도 모르게 휘말리게 된다. 옆집 누구는 뭐를 하고, 윗집 누구는 어디 학원을 다니고, 이 프로그램은 소근육이나 대근육 발달에 좋고, 이 수업은 IQ나 EQ 학습에 좋고…. 온갖 현란한 광고가 부모의 마음을 현혹한다.

아이 키울 때는 언택트Untact의 삶이 요긴하다. 아이들이 크면 다시는 갖지 못할 소중한 시간을 '엄마표 영어'를 하면서 채울 수 있다.

이때는 나도 엄마 놀이에 몰입하던 시기였다. 유아 영어 회화책을 딸딸 외우고, 필사하고, 가사 따라 외우고, 놀 거리를 찾느라 매일 오리고 붙이는 나날이었다. 누군가와 콘택트Contact를 할 시간도 없었다. 코로나19 같은 전염병이 없던 시대였지만 세 아이를 키우며 자연스레 언택트의 삶을 살아갔다.

휩쓸리지 말고 집에서 소신 있게 엄마표 영어를 하며 사교육 비용을 적금으로 부어보자. 10년 후 복리의 마법이 펼쳐진 묵직한 통장을 가지고 아이와 뜻깊은 일을 계획할 수 있을 것이다.

Key Point

1. 아이를 키울 때 자신만의 교육 기준을 세워보자.

엄마표 영어는 놀이부터!

첫째가 15개월이 되었을 때 한국에 최초로 유아 영어 홈페이지가 생겼다. '쑥쑥'이라는 홈페이지였는데 사람이 몰려 순식간에 다운될 정도로 인기가 높았다. 쑥쑥은 유아 영어에 목말랐던 엄마들의 성지 같았다. '엄마표 영어'라는 말도 그때 생겼을 거다. 그동안 어디서 어떻게 그리 조용히 참고 살았는지 폭발적인 반응이었다.

나는 지인들과 멀리 떨어진 지방에 살면서 혼자 육아를 하는 외로움과 지루함을 블로그에 일기처럼 썼었다. 아이가 조금씩 커갈 땐 엄마표 영어 이야기도 써서 올리고, 비슷한 처지에 놓인 엄마들과 댓글이나 메시지를 통해 격려나 위로도 하며 좋은 영향을 주고받았다. 인터넷은 나에게 세상과 소통할 수 있는 유일한 통로였다. 어느 날 쑥쑥의 주인장은 쑥쑥에 웹 칼럼을 써보면 어떻겠냐는 제안을 했다. 아마 육아 동호회에 올린 내 영어 성장 일기를 눈여겨봤던 것 같다. 내용은 지금처럼 진솔하게 아이와 영어 공부를 하는 일상을 올리면 좋겠다고 하여 쑥쑥의 1호 웹 칼럼을 연재하게 되었다.

한 번은 인터넷 육아 사이트에 엄마들이 가장 많이 던졌던 질문을 모아 답변을 올린 적이 있었다. 가장 많이 받았던 질문은 아이가 언제쯤이면 영어를 잘하게 되는지였다. 그때 나는 조급해하지 말라고 답변을 달았다.

20여 년이 지난 지금도 이 생각엔 변함이 없다. 엄마표 영어는 조바심 내지 조급증을 부리면 실패한다. 생각을 해보자. 아이가 옹알이를 떼고 어설프게 '엄마', '아빠'를 발음할 때 부모는 무엇을 하고 있는가. 아이 앞에서 입을 벙긋거리며 수없이 '엄마', '아빠'를 발음하지 않았던가. 영어도 다르지 않다. 같은 상황에서 반복되는 말을 끊임없이 들어야 한다. 영어는 단시간 내에 절대 승부를 낼 수 없다. 마음의 여유를 갖고 지내면 아이는 분명히 좋은 성과를 보여줄 것이다.

그다음 질문은 내가 쓰는 교재나 교구에 대한 것이었다. 이 질문의 답도 그때나 지금이나 똑같다. 나는 늘 강조한다. 너무 비싼 교재와 교구에 연연해하지 말라고. 아이의 단계에 맞는 영어책을 딱 한 권만 가지고 있더라도, 교구가 딱 한 개 있더라도 부모 재량에 따라 여러 가지로 응용하며 공부할 수 있다.

교재가 없더라도 괜찮다. 어릴 때는 주변의 모든 것이 영어 교재가 된다. 그중 실물이 제일 생동감 있는 교재이다. 예를 들어 사과를 보며 'an apple'이라고 여러 번 얘기해주는 게 여러 권의 책을 사서 보는 것보다 좋을 수 있다.

조금 더 팁을 주자면 나는 교재든 교구든 아이가 익숙해질 때까지 반복해서 많이 읽고 보고 들으라고 권유하는 편이다. 초기 이중언어에서는 10권의 교재를 한 번씩 보는 것보다 한 권을 열 번 보는 게 더 효과적이다. 하루에 수십 번씩 책을 읽어주면 아이는 책에 나온 내용을 파악하고 스스로 되새김질을 한다. 예를 들어 그림책에 사과가 나오면 부모는 아이에게 '사과'라고 끊임없이 알려줄 것이다. 그러다 어느 날 식탁에 놓인 사과를 보면 아기는 사과가 그려진 책을 기억하고 가져와 이게 사과라고 가리키고 어설프게 발음도 해볼 것이다. 자연스럽게 언어가 습득되는 반복의 효과다. 엄마도 책을 여러 번 읽어주는 동안 저절로 내용을 외우게 되니 잠들기 전 아이에게 동화를 들려주듯 술술 얘기해주기도 좋다.

한 권의 책을 질릴 정도로 봤다면 새 책을 꺼내주고 다시 여러 번 읽어주자. 실제로 나는 교구나 교재를 사면 본전 뽑는 교육을 했다. 노래 테이프는 끊어질 때까지 듣다가 접착테이프로 이어 붙여 다시 들었고 책은 너덜거릴 때까지 봤다. 하나만 있어도 응용할 게 많으니 지겹지 않았다. 비디오를 보더라도 하루는 아이 앞에서 춤을 추며 함께 놀았고, 하루는 안고 뛰며 몸으로 놀았다. 어쩔 땐 과장된 목소리로 노래도 불러주었다.

최소한 매일 30분씩만 영어를 들려줘도 한 달이면 서른 번 넘게 반복을 하게 되니 실력이 늘지 않을 수가 없었다. 교재 하나로 아이와 어떻게 놀아야 할지 막막하더라도 걱정하지 마라. 아이가 지루해하지 않게 이렇게 저렇게 시도해보면 훗날 요령이 생겨 재미있는 놀이를 해볼 수 있다.

한 권을 보더라도 어떤 교재를 사면 좋을까? 값이나 품질을 떠나서 아이가 좋아하는 교재면 된다. 누가 좋다고 하는 교재나 교구가 내 아이한테도 좋은 건 아니다. 아이가 좋아하는 책으로 여유 있게 접근해야 한다. 많은 교재를 보여주는 것보다 정성껏 한 권을 반복해서 본다면 유아 영어는 충분히 성공할 수 있다.

엄마표 영어는 엄마가 부지런히 움직여야 한다. 영어 비디오를 틀어놓을 때 설거지, 빨래, 청소 등 집안일을 하지 말고 아이 옆에 앉아 꼭 같이 시청하자. 영상을 보면서 아이와 대화도 하고 춤도 추고 적극적으로 놀이에 참여하는 게 좋다. 엄마가 옆에서 흥미를 끌어주니 아이도 넋 놓고 비디오를 보지 않고 집중해서 보게 된다. 엄마가 미처 알아채지 못하는 세밀한 부분까지 관찰하는 습관이 생겨 일상생활에서 작은 것도 놓치지 않고 집중하는 아이로 성장한다.

첫째 아이는 돌 무렵부터 비디오를 하루에 15분씩 보여줬다. 〈Wee Sing Together〉라는 비디오와 〈Wee Sing For Baby〉라는 노래 테이프를 같이 보여주고 들려줬다. 앞서 얘기했지만 영상물 시청은 꼭 부모와 같이해야 한다. 아이 앞에서 큰 동작으로 노래와 율동을 따라 했다. 아이를 안고 노래하고 뛰면 잠깐인데도 온몸이 땀으로 흥건해지고 기진맥진이 된다. 어쩔 땐 원맨쇼를 하는 피에로가 된 기분이기도 했다. 그래도 아이가 혼자 잘 본다고 엄마가 딴짓하면 안 된다.

놀이가 어색한 상황이라면 비디오나 테이프에 흘러나오는 영어 노래를 같이 따라 부르며 아이의 흥미를 이끌어내자. 가장 간단한 방법이지만 막상 불러보면 영어 문장을 한 번에 발음하는 게 쉽지 않다. 처음에는 박자도 놓치고 가사를 따라 하는 게 어눌하기 짝이 없었다. 'Turn a round and put your finger on your nose'라는 가사가 입에 착착 달라붙을 때까지 얼마나 많이 불렀는지 모른다. 아이와 재미있게 꾸준히 반복하는 것만이 답이다. 노래에서 외운 영어는 평소 생활할 때도 잘 써먹으니 따라 부르면서 자연스럽게 익히는 교육은 정말 추천한다.

마지막으로 많이 받은 질문은 '영어를 못하는데 가르쳐도 될까요?', '발음이 안 좋은데 책을 읽어줘도 될까요?'였다. 대답은 YES! 엄마의 발음은 문제가 되지 않는다. 영상물이나 오디오로 원어민 발음을 들려주기 때문에 아이들은 엄마의 발음도 척척 알아듣는다. 아이들은 우리가 생각하는 것보다 훨씬 더 똑똑하니 걱정할 필요 없다. 스포츠 팀을 이끄는 명감독 중에는 선수 시절 무명이었던 사람이 많다. 그들은 팀에게 기술을 전수하는 것보다 각각의 선수를 관찰하고 소통하며 장점을 끌어내는 리더십을 발휘한다. 엄마표 영어도 마찬가지이다.

정보 없이 내 신념 하나로 뛰어든 엄마표 영어를 여러분이 못할 이유는 없다. 오늘부터 차근차근 조바심내지 말고 아이와 놀이하듯 실천해보자.

Key Point

1. 엄마표 영어는 조급하면 실패한다.
2. 유아 영어는 한 권을 여러 번 반복해서 읽는 게 좋다.
3. 너무 비싼 교재, 교구에 연연해하지 말자.

영어의 프리 패스, 듣기

세계적인 언어학자 스티븐 크라센Stephen Crashen은 이중언어를 할 때 듣기의 중요성을 강조한다. 〈언어를 습득하는 유일한 방법On Language Acquisition〉 강의에서 이토미라는 4살짜리 여자아이가 이중언어를 습득하는 과정을 예로 든다. 크라센은 뉴욕으로 이민 온 이토미에게 영어를 가르치려 했다. 이토미를 볼 때마다 크라센은 "안녕?" 하며 인사했지만 묵묵부답이었다. 다음에 만날 때는 알파벳을 알려주고 따라 해보라고 유도했지만 마찬가지였다. 한 달, 두 달… 매일 인사를 하고 말을 하게끔 유도했지만 이토미는 입을 떼지 않았다. 그렇게 다섯 달 정도 지났을 때 이토미는 누가 시키지 않았는데 스스로 말하기 시작했다.

스티븐 크라센은 이 아이를 보고 제2외국어도 모국어 습득 과정과 비슷하다는 것을 알게 되었다. 이토미는 천천히 한 단어, 두 단어로 말을 하다가 시간이 지날수록 두 단어 이상 연결된 문장으로 말을 하기 시작했다. 일 년 후 이토미는 영어권 또래 아이들과 비슷한 회화 실력을 갖출 수 있었다.

5개월 동안 이토미에게 무슨 일이 있었던 걸까? 크라센은 강조했다. "She was listening." 듣고 있었던 거다. 우리가 흔히 생각하는 대화가 언어 습득의 시작이 아닌 거다. 듣기, 엄마들이 주목해야 할 부분이다. 5개월 동안 이토미가 침묵하던 기간은 병적인 것도 성격 때문도 아니었다.

엄마표 영어를 할 때 제일 먼저, 늘, 꾸준히, 무조건 해야 하는 것이 듣기다. 엄마표 영어가 정말 자신이 없거나 이것저것 시켜도 아이의 영어가 특별히 나아지는 것 같지 않으면 초심으로 돌아가 꾸준히 듣기 교육을 해야 한다. 조급한 마음에 섣부르게 영어를 가르치며 돈과 시간을 쓸 바에야 차라리 아무것도 안 하는 게 낫다. 영어를 10년 이상 꾸준히 들으면 80% 이상 성공이다.

어느 교육에서든 듣기는 기본 중의 기본이지만 특히 언어에서는 빛을 발한다. 피아노로 동요를 한 곡 치려면 계이름부터 배우며 기본음을 듣고 또 듣지 않는가. 듣는 귀가 발달한 절대음감의 소유자들이 피아노를 잘 칠 확률이 높다. 노래를 잘하는 사람도 귀가 예민한 사람이라고 하지 않나.

엄마표 영어는 영어를 가르치며 학습시키는 게 아니다. 우리말처럼 자연스럽게 습득시키는 거다. 습득이 되려면 자연스러운 언어 환경을 만들어줘야 한다. 거창하게 준비할 필요도 없다. 내 경우 첫째가 20개월 때까지 가지고 있던 책과 교재는 달랑 10권 정도였고, 읽고 또 읽고 닳도록 읽어 나중에는 종이가 나달나달해지기도 했다. 결국엔 투명 코팅지를 잔뜩 사다가 정성껏 표지를 감싸곤 무한 반복으로 또 읽었다. 그러다 《노부영(노래로 부르는 영어 동화)》 책을 사서 눈뜨면 읽어주고 오디오를 밥 먹듯이 틀어줬다. 듣기에는 특별한 기술이 필요 없다. 가랑비에 옷 젖는 줄 모른다는 속담처럼 조금씩 스며들게 하자.

말은 차고 넘칠 때까지 기다리자. 상황이 닥치면 나도 모르게 말이 나온다. 그것도 원어민처럼 자연스럽게. 아이가 말하는 게 서툴다고 자꾸 말을 시키려 하지 말자. 무조건 먼저 영어 듣기를 해야 한다. 세 자매를 영어 능통자로 키운 경험담이다. 말을 잘하는 아이, 입 꾹 다물고 영어는커녕 한국말도 잘 안 하는 아이, 할 줄 아는데 부끄럽다고 안 하는 아이 다 키워봤다. 결론은 고등학생만 되면 다 똑같다는 거다. 영어를 해야 하는 상황이 오면 유창하게 영어를 쏟아낸다.

말하기에서 중요한 것은 상대방으로부터 끄집어낼 수 있는 인풋Input이 있어야 한다. 내가 상대방의 메시지를 이해할 때나 내가 읽고 있는 것을 이해할 때 언어의 습득이 이루어진다는 거다. 이토미에게 침묵은 당연하고 자연스러운 과정과 시간이었고 필요한 단계였다. 스티븐 크라센은 혼자 거울을 보고 말하는 연습을 하거나 차 안에서 큰소리로 따라 외우면서 반복하는 건 의미가 없다고 잘라 말한다. 그 연습에는 상대방의 메시지, 응답이 없기 때문이다.

듣기가 먼저, 말은 나중에. 엄마표 영어의 기본을 가슴에 새긴다면 유아기 때 엄마의 할 일은 의외로 간단하다. 아이에게 그림책을 읽어주거나 아름다운 영어 노래가 담긴 테이프를 밥 먹듯이 틀어준다. 요즘은 유튜브로 크리에이터가 직접 책을 읽어주는 영상도 시청할 수 있으니 얼마나 좋은가? 당시에 유일한 영어 방송인 〈AFKN〉 채널(지금은 없어졌다.)에서 어린이 프로그램을 찾아 20~30분간 같이 시청했다. 내 경우 5세까지는 이런 식으로 듣기 교육을 실천했다. 물론 기계적으로 지루하게 책을 읽어주거나 반복하지 않고 늘 재미를 추구했다.

듣는 시기에는 듣기만 하자. 듣기는 영어를 잘하기 위한 프리 패스Free Pass다. 책 듣기가 충분히 이루어지면 파닉스Phonics나 문법도 많이 해결된다. 우리가 흔히 알아는 듣겠는데 말을 못 한다는 건 더 들어야 한다는 소리다. 저비용 고효율의 방법인 듣기는 아무리 강조해도 지나침이 없다.

Key Point

1. 엄마표 영어는 듣기가 중요하다.
2. 내가 상대방의 메시지를 이해할 때 언어의 습득이 이루어진다.
3. 한 달에 노래 테이프와 오디오 북을 1~2개 정도 반복해서 듣자.

비싼 건 역시 비지떡

첫째 아이가 16개월이 되었을 땐 'same'의 개념과 뜻을 알려주느라 아주 바빴다. 그렇지만 한 번도 우리말로 "이거랑 이건 같다는 뜻이야."라고 해석하지 않았다. 영어는 영어고 한국어는 한국어일 뿐이다. 교재는 역시 주변의 모든 것을 활용했다. 참고로 엄마표 영어를 하면서 아이와 놀 궁리를 하다 same 놀이를 시작한 건데 육아서에도 좋은 교육 방법이라고 추천했다. "이거랑 같은 게 뭐지?", "이거랑 똑같은 것 좀 갖다 줄래?"라는 질문은 아이를 생각하게 하고 분류라는 개념을 알게 해준다.

첫째 아이는 곰 인형을 좋아했는데 곰을 보면 곰이 그려져 있는 그림책, 잡지 등을 찾아 한군데 모아놓았다.

곰 무늬의 이불까지 갖다 놓고 산더미처럼 쌓인 걸 보면서 "same!" 하고 외쳤다. 이 놀이가 확장되면 개, 고양이처럼 빠르게 움직이는 동물이나 몇 초 만에 나타났다 사라지는 TV 광고 속 사물을 보면 그냥 지나치지 않고 비슷한 물건을 빨리 갖다 달라고 재촉한다. 이 놀이의 단점(?)은 엄마와 아이가 같이 한군데다 물건을 쌓아놓으니 집 안이 늘 물류 창고처럼 어수선하다는 점이다.

식품부터 공산품까지 모든 사진이 한 장에 다 들어있는 대형 마트에서 나눠 주는 광고 전단지도 좋은 교재가 되었다. 빵 사진을 보면 집에 있는 빵을 꺼내 "same!"이라 외치고, 바나나가 있으면 식탁 위에 있는 바나나와 장난감 바나나를 가져와 "same!"이라 소리쳤다. 바나나가 그려져 있는 책도 찾아서 가지고 왔는데 그런 날은 누가 많이 갖고 오는지 시합하는 same의 날이었다.

어린아이에게는 주변의 모든 것이 교재가 된다. 매끈하고 화려한 교재는 아이에게 큰 의미가 없다. 성인들도 마찬가지다. 좋은 교재가 없어서 영어를 못하는 게 아니다. 중요하다고 생각하는 것에 집중하고 조금씩 범위를 확장해나가면 점차 응용력이 생겨 영어 실력을 키울 수 있다.

아이가 아는 단어가 많아지고 same 놀이가 확대될수록 단어의 뜻을 설명해주기 위해 늘 영영 사전을 옆에 두어야 했다. 나름 예습도 많이 했다. 모르는 단어가 나오면 "이 단어는 잘 모르겠다. 사전에서 찾아볼게."라고 얘기하며 애가 듣든지 말든지 사전을 펼쳐 보았다. 그저 내가 노력을 하고 있다는 것과 모르는 걸 모른다고 대답하는 게 이상한 게 아니라는 걸 알려주고 싶었다.

당시에 나는 콜린스Collins Cobuild Series 중 English Dictionary 영영 사전을 활용했는데 이 사전도 너덜너덜해질 때까지 가지고 다녔다. 사전에서 찾은 단어는 알려주는 것만으로 끝나지 않았다. 우유 팩을 잘라 낱말 카드처럼 만들고 빨간 매직으로 사물의 이름을 영어로 크게 적었다. 그 밑에는 조그맣게 뜻을 적었다. 그리곤 카드를 해당 사물에 갖다 붙이곤 아이를 안고 여러 번 신나게 읽어줬다. 거울 앞에 서서 "This is a mirror! Hi mirror!, Good morning mirror." 하며 운을 띄우곤 밑에 써놓은 뜻을 흥겨운 랩처럼 읽어주었다. 이 놀이는 거울이란 단어를 영어로 무엇인지 알려줄 수도 있고 자연스레 뜻도 설명해줄 수 있으니 일거양득이었다. 이 짧은 놀이 시간을 위해 나는 늘 바빴다.

Key Point

1. 주변에서 흔히 볼 수 있는 것이 훌륭한 교재이다.
2. 영어 단어 카드를 만들어 사물에 붙여보자.
3. 엄마도 공부해야 한다. 영어 사전을 곁에 두자.

엄마표 영어의 정답은 그림책에 있다

책 읽기는 영어뿐 아니라 모든 교육의 밑거름이다. 그림책은 기쁨, 슬픔, 용기, 질투, 두려움 등 아이들의 다양한 감정을 다루며 감성을 키워준다. 독립성과 사회성을 키워야 하는 어린이들을 생각하며 만드는 책인 만큼 주제도 다양하다. 영어 그림책이라고 부담 갖지 말고 좋은 그림을 함께 본다는 생각으로 가볍게 아이에게 보여주자. 영어 그림책은 아이와 함께 집에서 세계의 미술관 나들이를 저렴하게 할 수 있는 고마운 사치다.

책을 재미있는 도구로 여기고 친근감을 느끼게 하려면 첫 번째로 정서적 안정이 이뤄져야 한다. 언어는 불안한 환경에서 습득하기 어렵다. 하물며 영어는 제2외국어다. 내 집, 내 방, 내가 좋아하는 방구석 한쪽, 식탁 밑에서라도 간섭받지 않고 몰입할 수 있는 공간이 아이에게 가장 좋은 책 읽기 장소이다. 아무리 좋은 프로그램을 운영하는 기관도, 휘황찬란하게 인테리어하고 좋은 학벌의 선생님들로 구성된 학원이라도, 아이가 가장 편하게 느끼는 장소는 집이다.

첫째가 다섯 살 때쯤이었다. 꼼짝도 안 하고 웅크리고 앉아 한 뭉텅이 모아둔 나무젓가락을 쫙쫙 두 개로 갈라 뜯어놓는데 너무 진지해서 말을 걸 수가 없었다. 그 몰입을 방해하고 싶지 않아 언제까지 하나 숨죽이며 쳐다보는데 한 시간 동안 고개 한 번 안 들고 수십 개의 젓가락을 조그만 손으로 다 뜯어놓았다. 그리곤 본인도 힘들었는지 바로 뻗어버렸다.

집에서 엄마표 영어를 하면 이런저런 아이들만의 몰입 행동을 볼 수 있다. 별 거 아닌 것 같은 놀이가 아이에겐 얼마나 큰 도전이고 즐거운 일인지 감이 온다. 그 몰입을 딱 자르는 게 사교육이다. "그만하고 ~하자. ~에 가자, ~가 오실 시간이야." 하면 아이의 능동적 몰입은 싹둑 끊기고 만다. 자신이 주도적으로 의견을 내야 할 때도 엄마의 허락을 기다리는 수동적 아이가 된다.

바쁜 아이들의 일상을 보면 이리저리 교육 기관을 옮겨 다니다가 차 안에서 샌드위치로 점심을 때우고, 하루에 3~4개씩 수업을 받곤 늦게 집으로 돌아온다. 엄마는 하루를 꽉 채운 듯한 뿌듯한 마음을 담아 아이에게 조금 쉬다가 책을 읽으라고 한다. 책 읽는 게 중요한 걸 알면서도 책이 먼저가 아니라 학원에 다니고, 학습지를 풀어야만 읽을 수 있는 게 책이라는 환경을 만드는 것이다. 초반 아웃풋Output은 빨리 얻는 것 같지만 고만할 때의 어휘라는 건 학습으로 늘기 어렵다. 중학교 때쯤 가보면 그 앞서 달리던 아이들이 다 어디 갔나 싶다.

25개월이 지나면서 첫째 아이의 독서량이 엄청나게 늘었다. 한국 동화책, 영어 그림책 등 십여 권 이상을 하루에 수십 번씩 읽었다. 정확히 말하자면 글자를 못 읽는 시기라서 '눈으로만 본다'였다. 아이는 1년 전에 읽었던 책들도 끄집어내서 보곤 했는데 읽어줬던 내용을 잘 기억하는 듯했다. 아마 책을 반복해서 읽어줬던 게 머릿속에 쏙쏙 스며든 것 같다.

이맘때 아이는 책에서 나온 내용을 기억하고 실생활에서 비슷한 상황을 보면 따라 하는 부분이 많아졌다. 예를 들어 토끼가 깡충깡충 뛰는 그림을 보더니 "baby jump, jump!"라고 말하며 깡충깡충 뛰었다. 이 모습을 본 내가 "Are you jumping now?" 하고 물으면 아이는 "Like a rabbit." 하고 받아쳤다. 어느 날은 《The Snowman》 책에서 "They were flying~"이라는 문장을 읽어줬는데 "Like a butterfly."라고 또박또박 대답했다. 'Like a~'로 시작하는 표현은 《The Mixed-Up Chameleon Board Book》에서 나온 문장으로 시간이 날 때마다 틈틈이 읽어줬던 책이었다. 그 책에서 들은 문장을 아이 스스로 응용을 한다는 게 신기하기만 했고 반복 학습의 효과를 다시금 깨닫게 되었다.

《Let's Play Hide and Seek》을 읽어주면 아이는 꼭 이불 속에 숨었다. 책에 나온 상황을 몸으로 따라 하는 건데, 이때 내가 "Are you hiding in the blanket?" 하고 물으면 "Like a turtle."이라고 대답했다. 거북이가 등딱지 속에 쏙

숨었던 내용의 책을 기억하고 자기도 그렇게 숨었다고 말하는 것이다. 책을 읽어주면 그 상황에 맞는 표현을 말로 해버리니 지금이야말로 아이의 영어 실력을 한 단계 높일 수 있는 기회라고 생각했다. 그래서 성대결절을 걱정할 정도로 같은 책을 읽고 또 읽어주었다.

첫째가 27개월 갓 지났을 때 둘째가 태어났다. 첫째는 둘째에게 책을 읽어주었다. 누가 들으면 글자를 알아서 읽어주는 줄 알겠지만 반복해 읽어줬던 내용을 외운 것이었다. 이러면서 자연스럽게 일곱 살쯤에 스스로 영어를 읽기 시작했다. 아이의 영어가 내가 감당할 수준을 넘어 무한정으로 치고 올라왔다. 이젠 콩글리시 영어 실력으로도 어쩌지 못할 상황이었다. 나는 내가 할 수 있는 최선의 선택이자 최후의 방법을 쓰기로 했다. 이제껏 해왔던 것처럼 영어 동화책 읽어주기. 책을 읽을 때만큼 완벽하고 아름다운 영어를 들려줄 기회는 없을 테니까.

책 읽기는 잠자리에 들기 전까지도 지속되었다. 불을 끄기 전 첫째와 둘째는 쪼르르 내 품에 달려와 양옆에 한 자리씩 차지하고 누웠다. 아이들이 가져온 책을 처음부터 끝까지 읽어주기도 했지만 피곤에 지쳐 중간에 잠들어버리는 날도 허다했다. 그럴 때 첫째는 나를 깨워 다시 읽어달라고 말했다. "어디까지 읽었더라?"라고 물어보면 읽다 만 부분을 정확히 짚어냈다. '읽을 줄 아나?' 하는 생각이 들었지만 "이거 읽을 수 있어?", "읽어볼래?"라는 질문은 하지 않았다. 그런 질문은 영어 실력을 확인해보려는 의도로 보여질 것 같아서였다. 난 그저 아이들이 자기 전 엄마가 책을 읽어주던 따뜻한 순간을 기억할 수 있길 바랄 뿐이었다.

최희수 작가의 《푸름아빠의 아이 내면의 힘을 키우는 몰입독서》에 이런 구절이 나온다. '아이가 책을 읽어달라고 요구하는 시기는 그리 길지 않다. 그런데 이 시기에 그런 요구가 좌절되면 그 아이는 평생 책 읽는 습관을 들이기가 어렵다. 인간은 하나의 능력 요인이 발달하면 그것이 또 다른 요인을 끌고 가게 되어 있다. 그래서 책을 읽어주면서 읽기를 가르치면 쓰기와 같은 다른 능력이 함께 발달하는 것이다'라는 내용을 봐서라도 엄마표 영어의 첫걸음은 무조건 그림책이다.

그림책을 온몸으로 읽어주자. 끌고 갈 때까지는 열심히 끌고 가자. 그러다 어느 순간 아이는 스스로 책을 고르고 몰입해서 읽는 독립적인 아이가 돼 있을 거다. 부모의 사랑과 믿음이 엄마표 영어에서 아이를 성장시키는 최고의 밑거름이라는 걸 잊지 말자.

Key Point

1. 화려한 교재, 교구에 현혹되지 말자. 모든 정답은 그림책에 있다.
2. 아이가 책에서 본 걸 흉내낸다면 적절하게 반응해주자.
3. 엄마와 함께 책 읽는 시기는 아이들에게 큰 선물이 된다.

엄마랑 노는 게 제일 좋아!

책 읽기는 사고력을 높여주고 어떤 문제에 부딪혔을 때 집중하면서 다양한 방법을 통해 문제 해결력을 높여준다. 기억에 오래 남으면서 그 기억을 바탕으로 응용력을 넓혀갈 수 있는 도구는 책 말고는 없다.

책이 좋다는 건 잘 알지만 책을 거부하는 아이들도 있기 마련이다. 이럴 땐 책의 내용을 놀이로 변형시키는 게 좋다. 첫째는 《Little Blue and Little Yellow》 책을 참 좋아했다. 이 책을 읽으면서 색의 삼원색에 대해서도 알게 되었고 색을 섞으면 어떤 변화가 일어나는지도 알게 되었다. 아이의 흥미를 극대화하기 위해 색 있는 찰흙을 사서 마음대로 주물러보고 지퍼백에 물감을 짜서 비벼보는 놀이, 세숫대야에 물을 받아 놓고 물감을 섞는 등 색으로 할 수 있는 건 다 해봤다.

책에 지식이 많다는 건 어른만 아는 사실이지 아이들은 모른다. 그래서 어른의 방법으로 책을 소개하고 친해지라 요구하는 건 강압에 가까울 수 있다. 아이가 책과 친하지 않다면 왜 그런지 고민해보고 여러 방법을 써보자. 그렇다고 이미 내가 가진 좋은 교재나 교구가 있는데 새로 나온 제품이 있는지 여기저기 기웃거리지는 말자. 옷장에 옷이 가득 있는데 입을 옷이 없다고 옷을 또 사는 것과 마찬가지니까.

때로는 저거 안 사줘서 우리 아이가 책을 싫어하는 건가 우리 아이만 뒤쳐지는 게 아닌가 하며 남들 사는 거 같이 사고 불안한 마음에 이것저것 시키게 된다. 조급함이 가시질 않는다면 우리 아이가 어떤 책을 좋아하고 흥미를 느끼는지 살펴본 다음 지금까지 내가 모은 정보를 종합하고 선택하는 시간을 갖자. 급할수록 돌아가라는 속담이 있다. 의외로 남들이 가지 않는 길에 지름길이 있을 수 있다. 기억해야 할 포인트는 엄마가 책 내용에 흥미를 가지고 아이들에게 전달해야 그 효과가 배가 된다는 것, 아이들은 눈으로 보고 만지는 과정이 있어야 책에 흥미를 느낀다는 것. 그러니 수고스럽더라도 매 순간 정성을 다하는 마음을 갖고 노력하자.

아이가 심심하면 책이 제일 재밌는 교구가 된다. 놀게 책밖에 없으니까. 미니멀 교육은 최대한 간결하고 심심한 듯 시작하는 거다. 미니멈으로 시작한 엄마표 영어는 마지막에 맥시멈 결과를 낸다.

《크라센의 읽기 혁명》의 저자 스티븐 크라센Stephen Krashen은 '독서는 언어를 배우기 위한 최상의 방법이 아니다. 유일한 방법이다'라고 했다. 내가 읽고 있는 것의 의미가 무엇인지 파악할 줄 알아야 언어가 완성되는 것이다. 단어 따로, 파닉스Phonics 따로, 문법 따로는 듣기와 읽기를 충분히 한 후에 생각해봐도 절대 늦지 않는다.

좋은 그림책은 아이의 마음을 어루만져준다. 책 읽

기는 학습지도 아니고, 학원도 아니기에 결과가 빨리 나오지 않는다. "책을 많이 읽어야 훌륭한 사람이 되는 거야."라며 강요하는 것도 바람직하지 않다. 물 흐르듯 자연스럽게 엄마, 아빠의 목소리로 하루에 두세 권씩이라도 꾸준히 읽어주고 같이 즐기면 된다. 어느 순간 책을 혼자 읽기 시작하는 것 자체가 자기 주도다.

나는 첫째가 5살이 될 때까지 놀이방, 방문 학습, 문화센터 등 아무것도 시키지 않았다. 그래서 아이에겐 또래 친구나 언니, 오빠가 없었다. 가끔 할아버지, 할머니, 친척들과 노는 게 전부였다. 나와 둘이 노는 것도 좋지만 친구도 만들고 함께 지내면서 사회성을 길러줘야 하는 거 아닌가 하는 고민도 들었다. 그때마다 맘을 다잡고 일상을 유지했다.

최희수 작가는 부모들이 아이들의 사회성이 부족한 건 아닌지 염려하여 억지로 아이들과 어울려 놀 기회를 만들기도 한다. 사회성이란 꼭 아이들과 어울려 놀아야만 길러지는 게 아니다. 부모와의 전인적인 관계에서 상호

교류를 나눈 경험이 오히려 아이의 사회성을 증가시키게 된다. 진정한 사회성이란 떼거리로 어울리라는 개념이 아니다. 진정한 사회성을 기르려면 먼저 남을 배려하는 마음이 있어야 하고 아이 자신이 독립적이어야 한다. 배려는 부모의 배려로부터 배우는 것이다. 너무 이른 나이에 아이들과 어울리도록 강요하면 아이의 마음에 지울 수 없는 상처를 줄 수 있다고 했다. 이 생각은 나도 하고 있었는데 지지를 받은 것 같아 힘이 났다. 조금만 더 커도 본인이 해야 할 일이 넘칠 텐데 내가 끼고 있을 시기라도 확실히 끼고 살자고 다짐했다.

당시 살던 곳은 하루도 마음 편할 날이 없는 동네였다. 맨날 주차 문제로 싸우고 보복성으로 몰래 자동차 바퀴를 터뜨리기도 했다. 게다가 수도 요금을 공동으로 내는 구조였기에 요금을 낼 때마다 서로 덜 내려고 다투기도 했다. 이런 일이 있을 때마다 더 넓고 쾌적한 집으로 이사 가고 싶은 마음뿐이었다.

그럼에도 이 집이 좋은 게 딱 하나 있었다. 바로 창

문을 열면 보이는 커다란 은행나무였다. 별거 아닌 것 같지만 나무가 곁에 있다는 게 많은 위로를 줬다. 계절마다 바뀌는 이파리와 햇빛에 반짝이는 나무의 결이 마음을 편안하게 만들어줬다. 가을이면 노랗게 떨어지는 은행잎을 모아 아이와 뒹굴며 놀았다. 이 나무 덕분에 미국 영화에 나오는 뒷마당이 있는 집에서 사는 기분이 들었다. 첫째는 나무와 관련된 책을 읽을 때 은행나무 앞에서 읽었다. 어쩌면 은행나무와 관련된 추억은 아이는 잊은… 나만 알고 있는 기억의 편린일 수 있다. 하지만 아쉽지는 않다. 내게 이 추억은 언제든지 아이에게 들려줄 좋은 이야깃거리가 되었으니까.

엄마랑 둘이서 놀고 공부하는 엄마표 영어는 사회생활을 막거나 더디게 하는 교육이 아니다. 내 아이가 엄마랑만 놀아서 심심하지 않을까 다른 아이들과 잘 어울리지 못하는 건 아닐까 고민하지 말자. 나를 제일 잘 알아주는 엄마와 함께 지내면서 정서적으로 안정이 된 아이는 자존감이 높은 아이로 성장한다. 언제든 나를 보호해줄 보호자가 있고 나를 반겨줄 따뜻한 집이 있다는 걸 아는 마음 강한 어른을 만드는 것, 그게 엄마표 영어의 목표라는 걸 잊지 말자.

Key Point

1. 책과 친해지려면 몸으로 체험하는 실험 놀이를 선택해보자.
2. 아이가 좋아하는 것이 무엇인지 생각하고 책을 고르자.
3. 추억을 만드는 건 지금! 이 시간을 마음껏 누리자.
4. 엄마표 영어는 자존감을 높이는 교육이라는 걸 잊지 말자.

영어 유치원 VS 일반 유치원

오지 않을 것 같은 유치원 등원 시기가 다가왔다. 첫째는 여섯 살이 되어서야 유치원에 다닐 준비를 했다. 좀 더 빨리 준비를 하는 엄마도 있고 더 늦게 보내는 엄마도 있지만, 시기를 떠나 등원을 앞둔 엄마들은 똑같은 문제에 부딪힌다. 어느 유치원에 보낼 것이냐! 주위 사람들은 내가 엄마표 영어를 가르치고 있다는 걸 알았기에 당연히 첫째를 영어 유치원에 보낼 거라고 생각했다. 하지만 난 일반 유치원을 선택했다.

당시에는 영어 유치원이 막 생길 때라서 커리큘럼이 다양하지 않았고 수업도 학원식 교육처럼 진행했었다. 그래서 단박에 유아교육에 충실한 일반 유치원을 선택했다. 유아교육 박사였던 유치원 원장님의 말이 내 교육관과 일치했던 게 한몫을 했다.

원장님은 아이들의 뇌를 말랑말랑한 떡 덩어리라고 비유했다. 이 덩어리는 적당한 자극을 받아 천천히 스스로 분열해야 하는데, 강압식의 자극을 주면 말랑했던 뇌가 딱딱해지면서 수동적인 뇌가 된다는 말을 했다. 지금도 나는 이 말에 공감한다.

결과보다 과정을 중시하는 교육관이 첫째에게 안성맞춤이란 생각이 들었다. 유치원에서는 한 학기 동안 하나의 프로젝트를 정해 진행하는 방식으로 수업을 했다. 학기마다 주어졌던 프로젝트가 전부 인상 깊었는데 그중 '나라 프로젝트'가 제일 많이 생각난다. 나라 프로젝트는 아이들과 토론으로 세계의 여러 나라 중 하나를 정해서 한 학기 동안 그 나라의 모든 것을 파고드는 수업이었다. 첫째의 반은 이탈리아 로마가 정해졌는데 의식주, 문화, 스포츠 등 다방면으로 심도 있게 접근했다.

그렇다고 앉아서 수업만 하는 게 아니었다. 그 나라의 음식도 만들어 먹고, 고대 로마 시대에 남자들이 입었던 토가를 만들기도 했으며 그 옷을 입고 연극도 했다. 모든 과정이 아이들로부터 유도되어 나왔다. 선생님들은 프로젝트를 완성하기 위해 아이들의 시선에 맞춰 수업을 진행했다. 아이들의 수준은 생각보다 높았다. 프로젝트가 끝날 때는 모르는 철학자가 없을 정도였다.

하나에 집중해 파고드는 걸 좋아하는 첫째를 위해 일반 유치원을 선택한 건 신의 한 수였다고 생각한다. 요즘은 영어 유치원도 아이들의 흥미를 이끌어내기 위해 다양한 활동을 병행한다고 한다. 엄마의 욕심보다 내 아이에게 잘 맞는 교육이 어떤 것인지 신중하게 생각하고 그에 맞는 유치원을 선택하는 게 좋다.

아이들은 자기들이 좋아하는 걸 확실하게 알고 선택한다. 첫째에게 당시에 엄청 유행했던 '리틀팍스(www.littlefox.co.kr)'라는 사이트를 알려줬다. 처음에는 동화도 듣고 파닉스Phonics 문제도 풀고 재미나게 하는 듯하더니 이내 시들해졌다. 책 만들기를 하고 싶을 때 가끔 사이트 들어가서 이용하기는 했지만, 책 읽는 게 훨씬 재밌다고 책으로 돌아왔다.

리더스북을 챕터북Chapter Book만큼 좋아하지는 않았지만 다 싫어한 건 아니었다. 《Learn to Read》 리더스북은 다 좋아했다. 이 책은 사회, 과학, 수학, 언어 영역으로 나누어진 얇은 책인데 집에서 아이들과 독후 활동을 하기에 좋았다. 유치원에 같이 다니던 친구들을 집으로 초대해 책도 읽어주고 그림도 그리고 만들기 시간도 가졌는데 지금도 그 기억을 떠올리며 좋아한다.

이렇게 보니 아이의 영어 교육은 아이가 스스로 정하는 것 같다. 다른 아이들이 열광한다는 영어 사이트를 알려줘도, 좋다는 책 이것저것 디밀어도 아이들은 본인이 좋아하는 것으로 돌아가기 마련이다. 그러니 최고의 선택이 아닌 최선의 선택을 할 수 있도록 내 아이를 잘 관찰해보자.

Key Point

1. 내 아이에게 맞는 교육이 무엇인지 고민해보자.

영어 정체기가 오다

첫째가 여섯 살이 되니 지적 성장이 폭발적으로 일어났다. 동시에 본격적으로 영어책 거부 시기가 왔다. 사실 다섯 살 때부터 영어책이 재미없다는 소리를 종종 했지만 그러거나 말거나 열심히 읽어줬다. 여섯 살은 좀 달랐다. 자의식이 성장하면서 자기 주장이 강해졌다. "나 영어책 싫은데. 한국 책이 훨씬 재밌어."라며 단호하게 거부 의사를 밝혔다.

지금 생각해보면 공부를 하든 춤을 배우든 다이어트를 하든 무엇을 하든 간에 당연히 오는 정체기 같은 거였는데, 그때는 가슴이 철렁했다. 이제껏 품에 끼고 목구멍이 가뭄에 시달리는 논바닥처럼 쩍쩍 갈라진 느낌이들 정도로 책을 읽어줬는데 전부 허사가 되나 싶었다.

《엄마표 영어가 학원을 이긴다》에서는 아이들의 언어 거부 시기에 대해 이렇게 설명한다. 아이가 읽는 한글책 수준이 높으면 영어책의 수준도 고려해야 한다. 아이가 어릴 때부터 한글책을 많이 읽고 나이에 비해 수준 있는 책을 읽고 있다면 그보다 수준이 낮은 영어책을 시시하게 느낄 수 있다. 보통 영어책 읽기는 낮은 수준부터 시작한다. 영어를 술술 읽지 못하니 낮은 레벨의 영어책부터 보는 것이 당연하다. 하지만 아이는 한글책과 영어책의 수준 차이를 느낀다. 그래서 영어책을 충분히 즐기지 못할 수 있다.

첫째는 로알드 달Roald Dahl의 책을 좋아했다. 《제임스와 슈퍼 복숭아James and the Giant Peach》, 《찰리와 초콜릿 공장Charlie and the Chocolate Factory》, 《마틸다Matilda》에 빠져 있는 아이가 영어는 짧은 리더스북 수준의 책을 읽으니 재밌을 리가 없었다. 그렇다고 무조건 내용이 짧은 그림책이 시시하다고 안 읽은 건 아니었다. 알고보니 글이 많건 적건, 그림책이건 아니건, 자신만이 느끼는 감동 포인트가 있는 책을 좋아하는 거였다. 아이는 몇몇 특별한 그림책을 제외하곤 한글로 된 책만 주야장천 읽어댔다. 반갑지 않은 손님, 엄마표 영어의 정체기가 온 거다. 아이마다 정체기가 찾아오는 시기, 겪는 기간 등이 조금씩 다르지만 엄마표 영어를 하는 대부분의 아이가 겪는 영어책 거부 현상이다.

《50, 우아한 근육》에 다이어트 정체기에 관해 쓴 글이 있다. 다이어트를 할 때 초반에는 운동하는 대로 살이 쭉쭉 잘 빠지고 성공하는 듯하다가 어느 순간 체중이 줄지 않는다. 오히려 체중이 늘기도 한다. 정체기가 온 것이다. 그렇다고 우울해할 필요는 없다. 정체기는 꾸준히 운동하고 식단을 잘 지켜 체중이 준 사람들한테만 오는 특권 같은 거니까. 다시 말해 정체기는 다이어트가 반 이상 성공했다는 사인이기도 하다.

엄마표 영어에서도 마찬가지이다. 영어책 거부 시기는 어느 정도 듣는 실력과 읽는 실력이 쌓여 다음 단계로 넘어가기 직전에 온다. 그러니 정체기가 온다면 '엄마표 영어를 열심히 했구나'라며 안심해야 한다. 그렇다고 방심은 말자. 이제 열 계단 중 한 계단 오른 거다.

정체기를 극복할 특별한 방법은 없을까? 없다. 그냥 올 게 왔구나 하고 하던 것 계속하면 된다. 아이에게 영어책 읽으라고 강요하지 말고, 읽던 책 계속 읽게 하면서 가던 길 가면 된다. 이때 읽는 우리말 책은 영어 실력을 성장시키는 발판 역할을 한다. 책을 읽을수록 다양한 지식, 호기심을 불러일으키는 상상의 세계 등을 접하게 되고 사고는 깊어진다. 이 좋은 걸 얻으려면 긴 영어 정체기를 잘 보내야 한다. 인내심과 끈기가 요구된다. 버티는 자가 이기는 자다. 겁낼 것 없다. 정체기를 잘 지나면 영어 실력이 껑충 뛰어오를 거니까.

나는 이 시기를 유연하게 보내기 위해 〈Time For Kids〉라는 영자신문을 구독했다. 책 말고 새로운 읽을거리를 주는 게 좋을 거라고 생각해서. 다행히 아이는 신문 형식의 영어 글이 새로워서 그런지 거부하지는 않았지만 적극적으로 읽으려 하지도 않았다. 그래서 신문을 놀잇감으로 만들었다. 신문에 있는 사진을 오려서 스케치북에 붙여 도톰하게 만든 다음 3~4조각으로 잘라 퍼즐 놀이를 해보고 퍼즐을 맞추며 사진과 어울리는 단어가 뭘까 문제를 내기도 했다. 사진을 설명하는 짧은 한두 줄의 문장을 읽어주는 건 덤이었다. 확실히 사진이 많으니 얘깃거리가 생겨서 좋았다. 신문을 보며 시사 이야기도 진지하게 나누었다.

다시 말하지만 정체기는 인생의 목표를 정하고 실행해 나갈 때 언제든 찾아온다. 매일 내가 하는 대로 잘 되면 인생이 얼마나 쉬울까? 더 잘하려고 아등바등할 필요 없다. 정체기를 극복하면 보상은 확실하다. 실망하지 말고 가던 길, 마저 가자!

Key Point

1. 영어 정체기는 듣고 읽는 실력이 쌓일 때 온다.
2. 영어 거부 시기라면 포기하지 말고 아이가 원하는 책으로 바꿔 읽혀라.
3. 영어 정체기를 극복하고 나면 영어 실력이 껑충 뛰어오른다.

Ⅱ

〔초등 시기〕

나무가 아닌 숲을 보아야 한다

나무가 아닌 숲을 보자

첫째가 초등학생이 되었다. 아이가 학교에 들어가면 엄마들의 마음은 초조해진다. 그동안 갈고 닦은 선행 학습을 비교하는 장이 펼쳐지기도 하고 특정 학원이 좋다 하며 팀을 만들어 몰려다니기도 한다. 비바람이 몰아쳐도 끄떡없을 것 같던 교육관도 이때는 갈대처럼 사정없이 흔들리기 마련이다. 하지만 엄마표 영어를 진행한 부모라면 결과가 바로 나오는 교육은 잘 선택하지 않을 것이다. 왜냐하면 아이는 학습을 받아들이는 데 절대적인 시간이 필요하고 그 시간을 겪어야 한 뼘 더 성장한다는 걸 알기 때문이다.

나는 아이에게 학교에서는 열심히 공부하고 집에서

는 최대한 편히 쉴 수 있는 환경을 만들어줬다. 아이는 내가 바랐던 것처럼 학교 생활에 충실히 임해주었다. 일기를 쓰더라도 사진도 붙이고 신문 기사도 오리고 정성을 다해서 했다. 숙제는 빼놓지 않게 했고, 학교에서 진행하는 기타 활동도 열심히 하라고 조언했다. 무엇보다 선생님이 최고라는 걸 일깨워줬다.

스티븐 코비의 《성공하는 사람들의 7가지 습관》을 보면 이런 내용이 나온다. 정글 속에서 두꺼운 덤불을 베며 나아가는 팀이 있다. 팀의 리더는 나무 위에 올라가 팀이 나아가는 방향을 확인했다. 리더는 팀이 방향을 잘못 잡았다는 걸 알고 깜짝 놀라며 "이 봐! 길을 잘못 들었어!"라고 말했다. 바로 그때 팀의 상사가 그를 노려보며 대답했다. "조용히 해. 우리 지금 전진하는 중이야." 나무만 보고 숲을 보지 못할 때 범하기 쉬운 행동이다.

빠른 결과나 유행을 좇아 방향성을 잃고 앞으로 나아가면 커다란 숲속에서 길을 잃고, 나아가지도 물러서지도 못하는 때가 온다. 마음이 흔들린다면 내 교육관을 생각해야 한다. 3S는 이럴 때 유용하게 쓰였다. 지금 나의 선택이 10년이나 20년 후 아이의 자존감을 높이는 데 도움이 되었는가? 아이가 자기 주도 학습을 할 수 있게 만들었는가? 돈을 저축할 수 있었는가? 3S를 기준으로 보면 답은 항상 정해져 있었다. 10년 정도는 집에서 영어책 읽고 영상 보고 듣는 엄마표 영어로 직진하자.

그런데도 아이를 위해 어떤 선택을 해야 할지 고민이 된다면 선택과 집중을 떠올려보자. 농부가 한 밭에 무와 배추를 동시에 심지 않는 것처럼. 내 경우 아이에게 취미 목적의 사교육이더라도 일주일에 2개 이상의 수업은 듣게 하지 않았다. 기계도 아닌 아이가 여러 개를 할 수 없기 때문이다. 엄마표 영어뿐 아니라 어떤 걸 하더라도 하나에 몰입해 성취하려면 여유가 필요하다. 정체기도 겪고 한계에 부딪혀도 멈추지 않고 꾸준히 다음 단계로 넘어가려면 말이다.

Key Point

1. 아이의 교육은 선택과 집중이다.

엄마표 영어의 양대산맥은 듣기와 읽기

엄마표 영어를 시작한 이후 10년 동안 한 것은 목이 터져라 책을 읽어주는 것뿐이었다. 물론 영어 노래, 영어 동화책 오디오를 배경음악처럼 틀어놓기도 하고 같이 영상을 보며 놀기도 했다. 아이와 책 읽고, 영상 보는 시간은 고작해야 하루에 30분~1시간 남짓이다. 그걸 매일 했다. 아이가 셋이 되자 엄마표 영어는 세 배가 되었다.

각각 좋아하는 책을 읽어주고 나면 머리가 띵하고 속이 울렁거렸다. 여기에 책과 연계된 활동을 하려면 너덧 시간씩 예습해야 하고 교재도 준비해야 했다. 지금 이 자리에서 쓰러져도 이상할 것 하나 없는 에너지 고갈 상태로 치달았다. 그래도 '나중에 후회하는 것보다 지금

힘들어도 후회하지 말자'며 마인드 컨트롤을 했다. 힘을 쥐어짜며 세 아이를 엄마표 영어로 이끌었다.

엄마표 영어는 여러 번 강조하지만 듣기가 80%이다. 영어 외에 다른 외국어도 듣기가 먼저이다. 최소 4천 시간 이상 들어야 자연스럽게 영어를 읽을 수 있다. 4천 시간을 넘겼다면 그때부터는 자신이 좋아하는 걸 선택해 평생 즐기면서 들을 수 있다.

핀란드 사람들이 영어를 잘하는 건 특별한 방법이 있어서가 아니다. 예산 때문에 교육 목적이든 오락 목적이든 대부분의 TV 프로그램을 미국에서 수입해 더빙이나 자막 없이 그대로 방영한 게 방법이라면 방법이다. 영어가 익숙한 상태에서 공교육을 받으면 듣기, 읽기, 말하기, 쓰기가 이상적으로 발전한다.

첫째는 유치원부터 초등학교 3학년 때까지 영어책 읽기를 좋아하지 않았다. 영어책보다 우리말 책이 훨씬 재밌다는 소리도 많이 했다. 책은 좋아하는데 영어책은 싫어하니 답답했다. 주변에서는 영어는 조금 하는 것 같지만 뚜렷한 성과는 없으니 학원을 보내라고 했다. 잠시 흔들리기도 했지만 귀를 닫고 마음을 다잡았다. 아이가 듣든지 말든지 집에선 영어 노래나 동화를 작은 볼륨으로 늘 틀어놓았다. 카페에서 음악이 흘러나오듯 집에서 영어 소리가 흘러나오게 했다.

어차피 영어 공부는 중학교 때 가서 신물 나게 한다. 지금은 영어와 놀자. 네 인생을 위한 거라는 핑계로 아이를 잡는 일은 하고 싶지 않았다. 억지로 단어를 외우게 하고 시험을 보는 교육을 미리 겪게 하고 싶지 않았다. 그래도 마음이 흔들린다면 초등학교 3학년 때까지는 파릇파릇한 영어 싹이 트려고 영양분을 모으는 시간이라 믿자. 영어 뿌리가 잘 내릴 수 있게 인내심을 갖고 비옥한 토양, 환경을 만들어 주자. 다행히 아이는 미세한 변화를 보이며 조금씩 성장했다.

Key Point

1. 엄마가 흔들리면 안 된다. 엄마표 영어는 굳건한 소신이 있어야 한다.

공부 취향을 알아야 백전백승

영어를 효과적으로 들려주려면 아이의 취향을 파악해야 한다. 첫째는 유치원부터 초등학교 3학년 때까지 한 챕터씩 1~2분 집중 듣기를 했다. 절대 3분을 넘기지 않았다. 2분이 짧은 것 같지만 시작하기에 부담이 없고 다 듣고 나면 은근한 성취감도 생기는 좋은 듣기 방법이다. 어떤 날은 2분이 20분, 2시간으로 이어지기도 했다. 한 권이 끝나면 반복해서 듣기도 하고 새로운 책을 듣기도 하고 아이 마음대로 하게 두었다. 둘째는 글이 짧고 화려한 색감이 있는 책을 좋아했다. 첫째와 책 취향이 확연히 달랐다. 초등학교 1학년 때 얇은 챕터북Chapter Book인 엘로이즈 시리즈Eloise Series를 들었다. 이 책은 통째로 다 들어도 1분 남짓 정도라 짧고 가늘게 듣는 아이에게 안성맞춤이었다.

읽기도 취향이 갈렸다. 첫째는 페어북Pair Book이라고 원서와 번역서를 함께 읽었다. 《샬롯의 거미줄Charlotte's Web》, 《제임스와 슈퍼 복숭아James and the Giant Peach》는 원서와 번역서를 함께 읽었다. 셋째는 혼자 책 읽는 걸 싫어해서 나와 하루에 한 페이지씩 번갈아 읽었다. 통틀어 딸랑 한 장 읽는 거지만 시작이 반이라고 읽다 보면 다음이 궁금해서 더 읽기도 하고 한 장만 더 읽어달라 하기도 했다. 엄마와 한 페이지씩 읽는 시간을 아이들은 좋아했다. 부담도 없고 책에 나온 내용을 가지고 얘기하느라 수다가 넘쳐나서 좋았다. 한 장씩 읽었을 뿐인데 생각보다 빨리 끝낼 수 있다는 것도 알게 되어 시도와 꾸준함의 중요성을 습득하게 되었다.

책을 읽다보면 아이의 읽는 속도는 점점 빨라지고 발음이 유창해짐을 느낄 수 있다. 모르는 단어가 나와도 문맥을 보며 짐작하기에 막힘없이 쭉쭉 읽어나갔다. 자발적 책 읽기를 하면서 언어에 대한 감각을 무의식 속에 습득했다. 자발적 책 읽기는 읽기 능력의 근본이다. 스티븐 크라센Stephen krashen은 문법 수업을 듣고 억지로 단어를 외웠던 학생보다 자발적으로 책을 읽었던 학생들이 시험 점수가 높게 나온 사례를 들며 자발적 책 읽기를 강조했다. 듣기와 읽기, 엄마표 영어의 핵심이다. 아이가 책을 좋아하고 잘 읽을 수 있게 취향을 파악해보자.

Key Point

1. 아이의 취향을 파악해야 성공할 수 있다.
2. 책 읽기를 정말 싫어한다면 엄마와 함께 한 페이지씩 읽는 시간을 갖자.
3. 엄마표 영어는 쉽고, 짧게, 자연스럽게 이어가자.

말하기, 쓰기를 시작하다

듣기, 읽기가 어느 정도 쌓인 아이들이 말하기, 쓰기도 잘할 수 있다. 그러니 초등학교 때는 말하기, 쓰기를 못하는 시기라 생각하고 욕심내지 않았으면 좋겠다. '언젠가는 하겠지'라며 마음을 내려놓자. 내 경우에는 아이가 셋이라 먹이고 입히고 재우기만 해도 하루가 꼴딱 지나갔다. 다른데 눈 돌릴 틈 없는 환경이 마음을 내려놓는 원동력이 됐던 것 같다. 10년만 눈 딱 감고 이거 하나만 하자는 마음으로 나아갔다.

드디어 초등학교 4학년 때 첫째는 한글책과 영어책의 읽기 수준이 비슷해졌고 자연스럽게 영어로 말하기 시작했다. 둘째와 셋째도 어느 순간 조잘조잘 봇물 터지

듯 영어로 말을 해 깜짝 놀래키기도 했다.

말하기의 목표는 상대방의 메시지를 이해하고 자기 생각을 논리적으로 표현하는 것이다. 간단한 영어 회화는 배우지 않아도 말할 수 있다. 우리말로 설명을 잘하는 아이는 영어로도 자기 생각을 조리 있게 표현할 수 있다. 모국어가 기반이 되지 않는 한 제2외국어는 절대 발전할 수 없다.

그럼 말하기는 어디에서 테스트해볼 수 있을까? 답은 정해져 있다. 듣기와 읽기를 계속해야 한다. 책은 작가가 쓴 의미를 읽고 해석하고 내 생각을 정리하는 여정이다. 생각을 말할 줄 아는 능력이 말하기 실력이다. 외국인만 만난다고 말하기가 늘지 않는다.

말하기가 고민이었을 때 외국인과 매일 10분 정도 영어로 통화를 하는 수업이 유행이었다. 혹하는 마음에 시범 수업을 받아봤는데 시간과 돈에 비해 효율성을 못 느꼈다. 전화 오는 시간이 정해져 있으니 그 시간 전후로 은근 신경이 쓰였고 선생님과 아이의 대화는 말하기 실력을 늘리기엔 짧고 얕았다. 둘째는 전화가 오면 끊어버리거나 전화기를 내려놓고 딴짓을 하기 바빴다. 어쩔 땐 내 눈치를 보다 짜증을 내기도 했다. 상황이 이러니 나도 아이를 고운 시선으로 보지 못했다. 말하기에 적극적이었던 첫째도 화상통화는 좋아하지 않았다. 이유는 재미없어서였다. 영어 실력을 늘리기 위해 억지로 하는 대화가 즐겁지 않았던 거다.

가족의 평화를 위해서라도 다시 하던 대로 흘려듣기와 자발적 책 읽기로 돌아갔다. 대화를 좋아하는 첫째를 위해 영어 뮤지컬을 권했다. 그곳은 브로드웨이에서 유학을 하고 키즈 드라마에 관심이 많았던 뮤지컬 배우가 설립한 극단이었다. 당시에는 좀 생소한 분야라 사람이 별로 없었기에 우리 아이들이 창단 멤버가 되었다. 1년 동안 2회 뮤지컬 공연을 했다. 무대에 서려면 노래를 외워야 하니 하루 종일 뮤지컬 노래를 들었다.

둘째는 영어 가사를 못 읽어서 한국말로 가사를 써 주기도 했다. 〈라이언 킹Lion King〉, 〈인어 공주The Little Mermaid〉, 〈미녀와 야수Beauty and the Beast〉, 〈정글북The Jungle Book〉, 〈캣츠Cats〉 등을 보며 뮤지컬에 푹 빠져 지냈다. 뮤지컬은 영어도 배울 수 있었지만 상대 배우들과 호흡을 맞추는 일이 중요해서 협동심도 자연스럽게 익히게 되었다. 거기에 춤과 연기, 탭댄스도 배우고 무대에 서는 대담함도 기를 수 있었다. 뮤지컬 덕분에 첫째는 EBS에 신설된 초등생을 위한 영어 드라마에 캐스팅되기도 했다. 덕분에 공짜로 영어 스피킹이 엄청 늘었다.

4학년 때부터는 교내 영어 말하기 대회에 참가했다. 하고 싶은 말이 무엇인지 대화를 나눈 후 원고를 썼다. 초등학생의 영어 쓰기는 과정과 칭찬이 중요하다. 매끈하게 잘 쓴 결과물을 원한다면 아이들은 한 글자도 못 쓰고 끙끙대기 십상이다. 일단 죽이 되든 밥이 되든 하나 가득 써놓는 게 중요하다. 글이 완성되면 수정을 거쳐 생각을 정리하는 시간을 갖는 게 좋다.

모든 과정이 끝나면 칭찬을 해주자. 남이 보기엔 투박하고 거칠어도 원고에는 아이의 노력과 진심이 담겨 있으니까. 다 쓴 원고는 입에서 자연스럽게 나올 때까지 반복해서 읽으라고 했다. 본인이 읽는 걸 녹음해서 학교에 오갈 때 반복해서 들었다. 듣고 읽고의 반복이 말하기

대회에서도 중요했다.

막내가 초등학교 2학년이었을 때 영어로 말하는 실력이 느니 같은 반 학부모에게 팀을 짜서 토론하자는 제안을 받았다. 그 아이는 영어 학원을 읽는 곳, 쓰는 곳 따로 다녔는데 그것도 부족해 말하기 실력을 올린다고 디베이트Debate를 하려 했다. 시간당 과외비도 어마무시했다. 2학년이 과연 영어로 무슨 토론을 할 수 있을지 이해하기 어려웠다. 하나의 주제로 토론하려면 그 주제에 대한 콘텐츠가 쌓여야 한다. 찬성과 반대의 견해를 놓고 자기 생각을 논리적으로 정리해서 말하는 건 최소한 독서력이 갖춰진 5학년 때 시켜도 된다.

사교육은 나쁜 게 아니다. 필요할 때 선택하고 성과를 이뤘으면 적절한 선에서 들어가고 나올 수 있어야 하는데 끊지 못하는 게 문제다. 무엇이든 성과가 나오려면 1년 이상은 참고 기다려야 하는데 2～3개월 만에 승부를 내려 하는 조급증도 한몫한다.

쓰기, 말하기를 성공적으로 이끌려면 아이들이 쓰는 환경을 만들어줘야 한다. 마음대로 쓰고 틀리는 걸 허용하며 끊임없이 칭찬과 격려를 해줘야 한다. 나머지는 스스로 오류를 발견하면서 수정해야 한다. 이 시기에 도움이 되는 건 상식을 높일 수 있는 어린이 신문, 영자신문, 잡지 등이 있다. 기사 길이가 짧고 사진도 많고 아이들과 활용하며 놀기 좋아서 나도 구독을 했다. 기사에 제일 많이 나오는 단어를 찾아 동그라미 치기 같은 간단한 놀이부터 시작해서 시사 문제까지 접근해가며 논리성을 길렀다. 신문은 가장 싸고 좋은 교재다. 어린이 신문부터 보는 걸 추천한다.

Key Point

1. 자기만의 생각을 말할 줄 아는 능력이 말하기 실력이다.
2. 아는 단어를 설명할 줄 모르면 책을 더 읽고, 영어 듣기를 더 해야 한다.
3. 책과 신문을 같이 읽으면 배경 지식 쌓기에 좋다.

캐나다 1년 살기

엄마표 영어를 시작할 때 3S 중 'Save money'를 구체화하기 위해 '목적 통장'이란 이름으로 저축 통장을 하나 만들었다. 아이들에게 들어가는 사교육비를 모아 매달 조금씩 돈을 넣었다. 첫째가 초등학교 4학년을 마칠 때쯤 7년간 모았던 돈을 찾았다. 나는 아이들이 어느 정도 컸을 때 외국에서 1년 살기를 하면서 더 큰 세상을 보고 다양한 경험을 하는 걸 목적으로 두었다. 내가 아이 셋과 캐나다에 1년 살기를 하러 간다고 말했을 때 남편, 친척, 친구들은 너나 할 것 없이 깜짝 놀랐다. 혼자 아이 셋을 데리고 일가친척 하나 없는 타국에서 어찌 살려고 하냐며 말리기도 했다.

나도 걱정이 없던 건 아니었다. 내 나이 마흔이 될 때까지 영어권 국가에 가본 적도 없고 영어도 서투르니 남들보다 배로 더 걱정이었다. 그러나 새로운 세상에 대한 기대가 더 컸고 어차피 독박 육아 인생인데 어디에서든 못 살겠느냐 싶었다. 내게는 착착 모아둔 돈과 계획도 있는데 말이다.

누가 말릴 새도 없이 11살, 9살, 27개월 아이를 데리고 캐나다로 떠났다. 낯선 나라에 오니 내 집 문 열고 한 걸음 나가는 것도 겁이 났다. 그래도 가만히 있을 순 없지. 제일 먼저 도서관에 가서 카드를 만들고 책을 잔뜩 빌려오는 것으로 캐나다 1년 살기를 시작했다.

낯선 타국이지만 첫째의 영어는 거침이 없었다. 학교나 교실 분위기가 책에서 본 것과 같아 재미있어 했다. 캐나다에서는 5학년이 되면 공부하는 양과 수준이 확 높아진다. 대부분의 수업이 프로젝트로 이뤄져 준비해야 할 게 꽤 많았다.

수학 수업은 '햄스터 하우스 프로젝트Hamster House Project'라는 이름으로 진행되었는데 도형과 삼각함수를 이용해 주어진 조건으로 햄스터 집을 만들어야 했다. 예각과 둔각 도형, 원기둥이 있어야 하고 지하실과 지붕도 갖추어야 한다. 햄스터 집을 만들기 전에 설계도도 내야 하고…. 지금 생각해도 머리가 아프다. 나와는 다르게 만들기를 좋아하는 첫째는 그 수업을 좋아했다. 한국에서도 친구들과 '리폼 카페'라는 걸 만들어 정보를 주고받곤 했는데 그 재능이 여기에서 써먹히는 것 같았다. 아이는 키친 타월 심을 재활용해 기둥을 만들고 멋지게 외관도 꾸며 만점을 받았다. 한 학기가 끝나고 학교에서는 햄스터 하우스 전시회를 열었는데 Pet's Mart라는 회사에서 첫째의 작품이 마음에 든다고 사고 싶다는 제안을 받았다. 첫째는 뿌듯해하며 햄스터 하우스를 팔고 받은 금액을 학교에 기부했다.

첫째가 잘 적응하는 반면에, 둘째는 입을 꾹 다물고 살았다. 학교에서 집으로 돌아오면 문을 열자마자 끝없이 먹을 것을 꺼내 먹었다. 스트레스성 폭식처럼 보였다. 학교에서는 '리세스 타임Recess Time'이라고 무조건 1시간 동안 뛰어놀아야 하는 시간이 정해져 있었는데 아는 친구가 없어 놀지도 못하고 풀 죽어 있는 듯했다. 수학 숙제를 보니 subtract의 뜻을 몰라 빼야 하는 걸 다 더해놓았다. "힘들지? 그래도 이 정도면 잘하는 거야."라고 토닥여주니 "나도 잘하고 싶단 말이야. 학교에서 스트레스 받아!" 하며 엉엉 울었다.

아이의 정서적 안정이 중요한 것 같아 한국에서처럼 함께 책도 읽어주고 잠자기 전 베드 타임 스토리Bed Time Story도 했다. 한 달 후에 둘째의 학교 생활을 듣기 위해 선생님께 면담을 신청했다. 짐작한 대로 아이는 조용하고 움직임 없는, 화장실도 가지 않는 아이라고 설명을 들었다. 그러나 아이의 성향을 잘 파악해준 선생님 덕분에 시간이 흐르자 둘째는 학교 가는 것을 제일 좋아하는 아이로 바뀌었다.

캐나다에 오면 영어가 저절로 된다? 아니다. 아는 만큼 보이고, 아는 만큼 들리고, 아는 만큼 대화할 수 있다. 머릿속에 든 게 많아야 공부와 대화를 편하게 할 수 있다. 아이들은 캐나다에서 그간 엄마표 영어로 쌓아온 실력과 현지에서 겪은 경험을 응용해 전보다 성숙한 영어를 구사했다. 만약 독서가 바탕이 되지 않았다면 깊이 있는 영어도 구사하지 못했을 것이고, 비슷한 레벨의 친구들끼리 어울려 다니며 유학 생활을 마칠 수밖에 없었을 것이다. 나와 아이들은 1년을 알차게 보내기 위해 부지런히 음악회, 친구 생일파티, 축제 등을 찾아다녔다. 농구와 야구 경기도 보러 가고 피겨스케이트도 배우러 다녔다. 밸런타인데이, 핼러윈, 추수감사절, 크리스마스 같은 캐나다의 명절을 겪으면서 문화의 차이도 즐겼다.

6개월 정도는 입 꾹 다물고 살던 둘째는 충분히 듣는 시간을 거치면서 말문이 터졌다. 발음과 억양이 아주 자연스러웠다. 유학 초기에 마음고생을 한 둘째는 아무것도 모르는 백지 상태로 유학을 오는 게 나은 것 같다고 했다. 그 상태에서 친구들끼리 나누는 대화나 선생님의 말씀을 유심히 들었다고 했다. 하이틴 뮤지컬, 영화, 시트콤도 자꾸 접하니 어느 순간 말소리가 들리고 대화에 참여할 수 있었다고 했다. 역시 충분히 들어야 말을 할 수 있는 것이다.

둘째는 ESL 교실에서 내준 숙제 중에 일기 쓰는 숙

제를 하며 영어가 많이 늘었다. reach를 rich라고 쓴다거나 listen에서 t를 빼고 쓰긴 했지만 이건 현지 아이들도 하는 실수라고 하니 걱정할 필요는 없었다.

셋째는 한참 한국말로 쫑알쫑알 말을 쏟아낼 때 캐나다에 오니 희한하게 나랑 집에만 있는데도 영어가 스멀스멀 올라왔다. 그러나 예상치 못한 부작용이 찾아왔다. 아이가 말을 막 배울 시기에 영어권 나라로 오니 언어가 엉켜버려 입을 다물어 버리는 정체기가 찾아왔다. 막내의 귀여운 쫑알거림을 못 듣고 침묵으로 1년을 보내야 했다. 모국어가 받쳐주지 못한 상태에서 어렴풋하게 영어를 쓰니 귀국 후 초등학교 2학년 때까지 영어에서 한국어를 찾아가는 침묵의 시간을 오래 보냈다. 모국어의 중요성을 절실히 깨달았다. 그때 말을 안 한다고 다그치면 안 된다. 뭔가 인풋Input이 있어야 말을 할 수 있는 거니까.

Key Point

1. 목적 통장을 만들어 아이들과 새로운 경험을 해보자.
2. 아이들과의 여행은 새로운 눈을 갖는 것이다.

잊지 못할 책 여행

캐나다 1년 살기의 큰 목표는 학교 생활 충실히 하기, 도서관에 매일 가서 책 읽기, 여행 다니기였다. 여행지를 선정하기 위해 가족회의를 공지하면 아이들은 꽤 진지하게 회의 준비를 했다. 자신의 의견을 얘기할 시간이 주어지니 평상시에 수다 떨 때와는 다른 모습으로 얘기했다.

첫째는 방학 동안에 캐나다 동쪽 끝 대서양에 있는 작고 아름다운 섬, PEIPrince Edward Island를 가고 싶다고 했다. PEI는 루시 몽고메리Lucy Maud Montgomery의 고향이자 《빨간 머리 앤Anne of Green Gables》의 배경이 된 곳이다. 첫째는 이 책을 읽고 또 읽으며 웃고 울었다. 마지막 장까지 아껴 읽으면서 혼자서 뒷이야기를 만들기도 했다. 그런 소중한 책이 태어난 장소를 알았으니 PEI에 가고 싶다고 줄곧 얘기했다. 애 셋을 데리고 토론토에서 PEI 섬으로 여행을 간다는 건 엄두조차 나지 않았지만 포기하면 두고두고 후회할 것 같았다. 다행히 PEI로 이민 간 둘째의 친구 부모님과 연락이 닿아 덕분에 걱정 없이 여행을 할 수 있었다.

몽고메리가 잠든 공원묘지를 순회하는 것으로《빨간 머리 앤Anne of Green Gables》문학 여행을 시작했다. 몽고메리의 묘지는 평범한 공원묘지에 안장돼 있었다. 이때 작가의 정기를 받은 걸까? 10년 후에 난《빨간 머리 앤-자작나무 숲을 지나》를 출간하며 동화 작가로 데뷔했다. 간단한 묵념을 하고 빨간 머리 앤이 탄생한 국립공원으로 향했다. 이곳은 우리나라의 민속촌처럼 주정부에서 관리하는 공원이었다. 앤이 살던 집, 박물관 등 온갖 것을 볼 수 있었다. 작가가 스크랩한 노트도 전시돼 있었는데 1880년대의 캐나다 생활상을 엿볼 수 있는 글이 잔뜩 적혀 있었다.

앤이 살던 집 앞에서 서니 가슴이 두근거렸다. 앤의 다락방, 선반에 놓인 화분, 앤이 무척 좋아했던 것들이 그림처럼 그대로 있었다. 앤의 열렬한 팬인 첫째는 흥분하여 여기저기 다니며 소설 속의 장면과 눈앞에 펼쳐진 장면을 비교하기 바빴다. 앤과 다이아나가 무서워하던 유령의 숲은 정말 어디선가 유령이 튀어나올 것 같았다.

실제로 몽고메리 작가는 자기 주변의 숲, 호수 모든 것에 이름을 붙여놨다고 한다. 앤의 마을을 전세 낸 듯 우리는 신나게 앤을 만끽했다. 소설의 감동 없이 기대만 잔뜩 하고 온다면 실망할지도 모른다. 누군가는 '조그만 초록 지붕 하나 있는 게 다야?'라며 어리둥절하게 여길 수도 있지만 책으로 재미와 감동을 받은 사람이라면 세대를 초월해 작가와 교감하는 기분을 느낄 것이다. 딸과 함께 좋아하는 작가의 발자취를 더듬으며 되새기는 문학 여행은 평생 마음에 아름답게 남았다. "정말 멋진 날이야. 이런 날에 살아 있다는 사실 만으로도 행복해." 앤의 속삭임이 들리는 듯했다.

다음날은 기대했던 〈빨간 머리 앤Anne of Green Gables〉

뮤지컬을 관람했다. 대부분의 관객은 머리가 하얀 백인 할머니와 할아버지였다. 20년 전이어서 그랬을까? 우리를 자꾸 흘끔흘끔 쳐다보며 호기심을 비추던 사람들이 기억난다.

아, 또 가고 싶은 PEI. 다음에 갈 때는 내 책을 들고 가야겠다. PEI의 여행은 익숙한 삶에서 벗어나 다른 문화를 접하고, 꿈에도 그리던 책 속의 앤을 다시 만나 흠뻑 젖어보는 시간이었다. 엄마표 영어에 대한 유쾌한 보상이다.

Key Point

1. 아이들과 책 여행을 하자. 엄마와 아이가 둘 다 좋아하는 책이면 더 좋다.
2. 아이와 함께 좋아하는 작가의 발자취를 따라가는 문학 여행은 평생 마음에 아름답게 남는다.

내 인생의 Best Film

캐나다는 9월에 개학을 하고 6월에 종강을 한다. 그래서 5월에는 학예회 같은 종강을 앞둔 행사가 주렁주렁 열린다. 필름 페스티벌Film Festival은 종강 행사의 하나로 전교생이 한 명도 빠짐없이 팀을 짜서 다큐멘터리 영화를 찍고 3일 동안 상영하는 프로젝트였다. 학교의 모든 행사는 가족이 와서 관람할 수 있게 평일 오후 6시 30분 이후에 열렸다.

이 페스티벌에서 첫째가 만든 영화가 Best Film으로 선정되었다. 선생님들이 "It's so touching!"이라며 전교생을 비롯해 초대 가족, 특별 손님에게 보여줘야 한다고 의견을 모았고 학교 행사 이래 처음으로 Best Film 상이 만들어졌다. 매일 밤 마지막 상영을 장식한 첫째의 영화가 여전히 눈앞에 선하다. 영화가 끝나면 엄청난 박수 소리와 함께 "쥬디! 쥬디!" 하며 아이의 이름을 외치는 환호성과 휘파람 소리도 귀에 쟁쟁하다. 선생님들의 진심 어린 응원과 칭찬, 더불어 담임 선생님도 얼마나 으쓱해 하던지…. 나도 한껏 뿌듯해하며 필름 페스티벌Film Festival을 즐겼다.

이런 프로젝트를 진행하고 나면 아이들의 실력이나 안목이 한 뼘 이상 성장한 게 보였다. 영화를 만들기 위해 대본을 쓰고 연기도 하고 각자의 역할을 정하면서 협동과 배려심도 기르고 창의성도 키울 수 있었다. 작품의 수준을 떠나 같이 완성한 작품을 보면서 아이들은 자부심을 느끼기도 했다.

첫째는 담임 선생님과 1년을 함께하면서 영어뿐 아니라 무엇을 하든 자기 주도 학습 습관이 확실히 자리 잡게 되었다. 선생님이 내주는 숙제를 스스로 사전을 보고 자료도 찾아가며 하나씩 해나갔다. 선생님이 아이의 노력을 인정해주니 더 열심히 하는 것 같았다. 좋아하고 잘

하고 싶어서 누가 시키지 않았는데도 두 배 세 배 더 노력했다.

첫째는 《Secret Garden》이라는 책과 숨겨진 재능을 연결시켜 영화를 만들었다. 확실히 책을 많이 읽으면 여러 면에서 도움이 된다. 구성면에서 또래 아이들보다 깊이가 있고 전체적인 흐름이 매끄러웠다. 첫 장면부터 눈길을 사로잡아 시끌시끌했던 강당이 일순간 조용해졌다. 둘째는 언니와 비교가 될까 영화가 상영되는 날에는 오지 말라고 했다. 옥신각신하다 영화를 보러 갔는데 생각보다 꽤 잘 만들었다. 무엇보다 알파벳도 모르고 입도 뻥긋하지 않던 둘째가 친구들과 어울리며 영화를 찍은 게 나에겐 무척 감격스러운 일이었다.

사람들은 외국 학교의 수업이 양도 적고 하는 일이 크게 없어 아이들에게 더 편할 거라고 말한다. 하지만 그건 착각이다. 학교마다 차이가 있겠지만 아이가 다닌 학교의 수업은 창의력과 협동심을 발휘하는 수업이 많았다. 게다가 담임 선생님의 재량으로 숙제도 많은 편이었다. 문학 수업은 대부분 연극을 하거나 영화를 만들며 진행되었다. 연극을 하려면 의상과 소품이 있어야 하는데 그걸 아이들이 직접 사거나 만들고 무대에 올리기 위해 열심히 연습했다. 첫째는 소통, 자립심, 창의력 등을 표현할 수 있는 수업을 정말 좋아했다. 친구들과 대화를 할수록 첫째의 영어는 단단해졌다. 게다가 발음과 억양이 자연스러워 한국에서도 영어를 공용어로 사용하는 줄 알았다며 다들 놀라워했다. 흘려듣기 10년으로 이뤄낸 성과였다.

수업이 많지만 독후감 쓰기는 건너뛰지 않았다. 두꺼운 노트에 'Thinking book'이라 이름 붙이고 매일매일 독후감을 썼다. 감상평만 간단하게 쓰는 게 아니라 모르는 게 있으면 자료를 찾아보고, 사진이나 기사 등을 스크랩하면서 자기만의 스타일로 생각을 표현했다. 자기 주도 학습이 습관처럼 몸에 밴 상태였다.

토론토에도 한국 학생들을 위한 학원이 많았지만 학교 생활에 집중하기 위해 다니지 않았다. 학교와 도서관을 집처럼 드나들며 좋아하는 운동인 피겨스케이트를 배우러 링크장에 갈 뿐이었다. 학원에 매달리지 않고 놀이

터에서 맨발로 뛰어노는 여유가 정말 좋았다.

이노우에 히로유키 박사는 '익숙한 삶에서 벗어나 현지인들과 만나는 여행은 생각의 근육을 단련하는 비법'이라고 했다. 1년간의 여행은 다른 장소, 다른 문화에서 다양한 사람을 만나고, 내 안의 나를 만나며 몸과 마음 근육을 단단하게 만드는 여정이었다. 세 아이는 넓은 세상에서 깊고 여유롭게 성장하고 있었다.

Key Point

1. 영어 듣기를 오래 하면 억양이나 발음이 현지인처럼 자연스러워진다.
2. 여행은 내 안의 나를 만나는 것이며, 현지인과 만나는 여행은 생각의 근육을 단련하는 비법이다.

III

〔중 · 고등 시기〕

영어도 마음도 무르익는 아이들

엄마는 빠질게,
너희가 알아서 하렴

첫째, 둘째가 중학생이 되자 더는 언어 정체기나 침묵기가 오지 않았다. 드디어 두 언어가 같이 가기 시작했다. 아이들은 우리말 책이나 원서 가리지 않고 닥치는 대로 책을 읽었다. 영화는 자막 없이 봤다. 드디어 엄마표 영어에서 엄마가 퇴장할 때가 왔다. 이날을 얼마나 기다렸던가. 그렇다고 방임은 아니다. 무심한 듯 아닌 듯 '츤데레'가 돼야 한다.

아이들은 스스로 가고 싶은 학교를 콕 집어 말했다. 엄마표 영어는 아이들에게 자기 주도 학습을 알려주기 때문에 초등학교 때부터 자기 목표가 뚜렷했다. 동시통역사가 꿈인 첫째는(지금은 다른 꿈을 꾸고 있다) 국제

중과 외고를 가고 싶다며 다이어리에 일기를 쓰기도 하고, 도화지에 커다랗게 목표를 쓰고 예쁘게 꾸며 벽에 붙여놓기도 했다. 혼자서 척척 해내니 내가 할 일은 아이와 함께 모집 요강을 살피고 학교 설명회를 들으며 도움이 필요하다고 할 때 손을 내밀어 주는 것 뿐이었다.

당시 국제중은 자기소개서를 써서 제출해야 했다. 아이와 설명회에서 들은 대로 문항을 하나하나 꼼꼼히 살피며 대화를 나눴다. 이내 거창한 걸 쓰라는 게 아님을 알게 되었다. 학교에서 어떤 생활을 했는지, 감명 깊게 읽은 책을 제시하고 그 이유를 쓰라는 등 경험과 성장 위주로 글을 쓰면 되었다. 국제중, 특목고, 대학교 자기소개서에는 독서에 관한 이야기를 꼭 해야 한다. 이때 엄마표 영어가 다시금 빛을 발한다. 그동안 같이한 건 독서뿐이니 고민할 게 없었다. 오히려 넘쳐서 탈이었다.

둘째도 일찌감치 국제중에 도전하고 싶다는 의지를 드러냈다. 첫째 때 그랬던 것처럼 내가 해줄 수 있는 건 많지 않았다. 그저 원서 쓰는 게 힘들다고 울고 종이를 찢는 아이의 성질을 받아주는 것뿐이었다. 둘째는 본인이 원했던 학교에 무사히 원서를 넣었고 운이 따랐는지 합격했다.

최근에 입시 관련된 질문을 받았다. 아이와 함께 입시 준비를 하는데 어떻게 해야 할지 모르겠다는 내용이었다. 나는 첫째가 태어날 때부터 초지일관 미니멀한 교육관을 밝혔다. 미니멀의 대명사 엄마표 영어가 그러하듯 나는 아이 스스로 해내는 걸 중요시한다. 처음부터 끝까지 떠먹여주거나 전문 입시컨설팅 업체에 맡긴다면 결과가 어떻든 아이 스스로 해낸 것이 아니다. 아이가 혼자 해낼 수 없는 것만 눈치껏 파악하고 가이드만 주자. 대신 원서를 쓰기 전 아이와 충분한 대화를 나누는 건 적극 추천한다. 아이가 느낀 경험, 자신만의 세계, 감정 등을 들으면서 내 아이가 어떻게 성장했는지 알아가는 건 부모로서 꼭 해야 할 일이니까.

엄마표 영어는 듣기와 읽기에 집중하는 방법이라서 초등학교 때는 정답이 정해진 시험 문제에서 딱히 빛을 발하지 못했다. 우리 아이만 빼고 다른 아이들이 앞서나

가는 것 같아 불안한 적도 있었다. 하지만 아이들은 그동안 자연스럽게 익혔던 영어 실력을 기반으로 독해, 문법, 숙어 등의 교육 과정 패턴을 빠르게 파악하고 곧 좋은 성적을 받았다.

나는 중학교 때 엄마표 영어를 시작한다 해도 1년간 듣기에 몰입하는 걸 권한다. 중학생은 모국어가 완벽해지고 학습 이해력이 빠른 시기다. 아이와 엄마의 의지만 확고하다면 엄마표 영어로 천천히, 조금씩, 꾸준히 해왔던 수년간의 기간을 일 년으로 앞당길 수 있다고 믿는다. 시간은 충분하고 결과는 마음먹기에 달렸다.

Key Point

1. 엄마표 영어는 자기 주도 학습 발판을 마련하므로 아이 스스로 진로를 찾아갈 수 있게 도와준다.
2. 중학교 때 영어를 처음 시작한다 해도 1년간 듣기에 몰입하는 걸 권한다.

지금은 독서 타이밍

중학교 때는 학습 능력이 발달하는 시기여서 독서 수준이 아이의 학습 능력으로 연결된다. 따라서 독서와 학업을 병행한다면 폭발적인 지적 성장을 얻을 수 있다. 독서는 짧은 시간에 마쳐야 하는 미션이 아니다. 원서 읽기는 가늘고 길게라도 이어가야 한다. 한 달에 한 권씩만 읽어도 1년이면 12권이기에 꾸준함의 힘을 믿고 접근해야 한다.

우리집은 일주일에 두 번 10분 동안 가족 독서 시간을 가졌다. 사춘기에 접어든 아이들은 비협조적이었지만 다행히 10분 독서는 참여해주었다. 독서 종류는 소설, 신문, 잡지, 원서 어떤 것이든 환영이었다. 유치원생이었던 막내도 열심히 동참했다. 서로 읽는 것에 전혀 관여하지 않았다. 시작과 함께 조용히 책장 넘기는 소리만 났다. 10분이 지나면 책을 바로 덮을 것 같지만 의외로 20분, 30분 넘게 이어진다. 책을 평소 즐겨 읽지 않는 둘째도 가족이 함께 책 읽는 루틴은 좋아했다.

가족 독서 시간을 가질 때 중요한 것이 있다. 첫 번째, 가족 모두가 참여해야 한다. 아이들이 책 읽는 틈을 타 집안일을 해선 안 된다. 간식도 챙겨주지 말고 TV도 끄자. 두 번째, 아이가 뭘 읽든 관심을 갖지 말자. 사춘기 아이들은 읽고 있는 책과 관련해 좋은 의도로 질문해도 싫어한다. 감시를 당하는 기분이 들어서라고 생각한다. 아이들은 고전, 추리, 단편집, 청소년 소설 등 닥치는 대로 읽었다. 참고로 우리 아이들은 이때 고전 전집을 전부 읽었다.

만약 아이가 책을 멀리한다면 주변 환경을 되돌아봐야 한다. 아이가 중학생일 때 대치동에 위치한 '핫'한 독서 학원이 큰 인기를 끌었다. 그 학원에서는 어떤 검사를 통해 좌뇌형, 우뇌형을 나누고 결과에 따라 DNA, RNA

반으로 나누어 아이들에게 꼭 맞는 책을 읽힌다고 했다. 검사지 하나로 편향된 독서를 부추기는데도 학원은 문전성시였다.

아이들에게는 자발적 독서가 중요하다. 본인이 재미와 흥미를 느끼는 책을 읽어야 양이 쌓이고 질적인 변화도 일어난다. 강요 때문에 읽는 책들은 기억에 남지도 않는다. 아이가 좋아한다면 얇은 책이라도 차근차근 이력을 쌓아보자. 양이 쌓이면 생각이 달라진다.

중학교 때부터는 책을 읽은 후에 간단한 독서 기록을 해야 중 · 고등학교 생활기록부에 기재될 수 있다. 특목고나 대학교 원서에는 감명 깊게 읽은 책을 쓰는 칸이 꼭 있다. 원하는 학교에 가기 위한 관문에 독서가 무조건 들어가니 한두 줄 정도라도 줄거리를 요약하고 자기 생각을 덧붙이는 습관을 들여 독서 이력을 쌓아가는 게 좋다. 독서 기록장이 쌓이면 뿌듯한 마음과 함께 자신감이 생길 것이다.

'나를 키운 것은 하버드 대학이 아니라

어릴 때 다닌 동네 도서관이었다.'

– 빌 게이츠 Bill Gates

Key Point

1. 중학교 때 독서가 평생을 좌우한다.
2. 가늘게라도 원서 읽기는 지속해야 한다.
3. 일주일에 한 번이라도 10분 가족 독서 시간 루틴을 만들자.
4. 천 권의 책을 읽어보자. 양이 채워지면 질적인 변화가 일어난다.
5. 중학교 때부터는 간단한 독서 기록을 해야 한다.

그까짓 선행 학습, 나중에 하자!

사춘기 아이들은 공부 같지도 않고, 놀이 같지도 않은 걸 시킬 때 제일 싫어한다. 부모 눈치 보느라 하고 싶은 걸 못하는 답답함. 아무리 좋은 곳을 데려가도 시큰둥하고 같이 가고 싶어 하지 않는 이유도 이 때문이다. 부모 눈에는 자식을 위해서 한 건데 배부른 투정처럼 보인다. 부모와 아이의 갈등이 평행선으로 가는 나날이다. 여가 생활마저 감시를 받게 되면 부모가 말하는 게 정답이고, 본인이 내린 결정은 오답이라는 고정관념이 생긴다. 이 때문에 나는 사라지고 자존감이 낮아진다. 하찮아 보여도 아이들이 선택한 것을 존중할 줄 알아야 부모의 요구도 존중받을 수 있다.

첫째는 중학교 때 1년에 걸쳐 POP Point of Purchase 글씨 1급 자격증을 땄다. 처음에 POP를 배우겠다고 했을 때는 학업 스트레스를 해소할 수 있는 통로라고 생각해 적극 찬성했다. 그런데 배울수록 일이 점점 커졌다. POP 3급 자격증에 합격하고, 몇 달 후 2급 자격증을 땄다. 선생님은 첫째가 학습 능력이 좋고 창의적인데다 콘셉트를 빨리 잡아 뚝딱뚝딱 POP를 만든다고 칭찬했다.

그러나 나는 걱정이 앞서기 시작했다. 그 학원은 POP 강사를 배출하는 게 목적이라서 대부분의 수강생이 창업이나 부업이 목적인 아줌마들이었다. 내 마음도 모른 채 아이는 방학을 이용해 1급을 따겠다고 했다. 시간도 많이 걸리고 재료비도 적지 않게 들어간다고 말리니 자기 돈을 털어서라도 해야겠다며 완강히 버텼다.

POP 전문 학원은 집에서 차로 30분 정도여서 내가 데려다주고 데려와야 했다. 남들은 수학 학원, 영어 학원으로 아이들을 픽업하는데 나는 어린 막내와 함께 POP 학원을 줄기차게 다녔다. 첫째는 결국 1급 자격증을 따냈다. 자격증이 나오니 소소하게 개인적으로 부탁하는

POP 아르바이트도 했다. 학년마다 바뀌는 교실이나 동아리방에는 첫째의 POP 작품으로 가득 채워졌다. 샤이니 콘서트에 갈 때는 POP로 태민 머리띠를 만들어 쓰고 갔다. 콘서트를 보던 중 태민 오빠가 자기 머리띠를 보고 손을 흔들어줬다며 무척 좋아했다.

둘째는 초등학교 때부터 고등학교 때까지 매주 빠지지 않고 피겨스케이트를 배우러 다녔다. 처음에는 김연아 선수를 좋아해서 취미로 배우고 싶다고 말해 운동 삼아 시작한 거였다. 스핀Spin, 악셀Axel, 더블 점프Double Jump, 스파이럴Spiral 등의 기술을 배우러 다니느라 엉덩이에 피멍이 가시질 않았다. 코치의 권유로 캐나다 지역 아마추어 피겨스케이트 대회에 나가 첫 시합에서 은메달을 따냈다. 당시에는 아이들의 요구를 충족시키느라 엉덩이 한번 땅에 붙여보질 못한다고, 사춘기 녀석들이 나를 못살게 군다고 불평하고 다녔다.

그러나 지금은 하고 싶은 걸 할 수 있게끔 용기와 격려를 넣는 게 얼마나 중요한지 안다. 하고 싶은 걸 못하게 하면 공부도 하기 싫어진다. 원하는 것에 몰입해서 취미를 갖는 것은 자존감을 높여주는 일이다.

하고 싶은 일을 '몰입'해서 하는 경험. 그건 취미에서 비롯된다. 셋째는 4학년 때 플루트Flute를 시작했다. 넉 달 동안 일주일에 세 번씩 레슨을 받으며 하루도 빠지지 않고 연습했다. 아이가 처음으로 경험한 몰입이었다. 몰입을 경험한 아이는 어떤 일을 하든 건성으로 하지 않는다. 이때 부모는 온전히 몰입할 수 있게 기타 사교육을 권하지 않는 게 좋다.

셋째는 고등학교를 자퇴하고 캐나다로 떠나는 언니를 따라서 캐나다에 1년 정도 살게 되었다. 초등학교 5학년이었다. 어떻게 하면 주어진 1년을 알차게 보낼까 상의했고 학교 생활과 플루트에 집중하기로 했다. 학교 방과 후 프로그램으로 플루트를 신청했다. 플루트 선생님은 친절하고 아이의 잠재력을 끌어내는 좋은 분이었다. 선생님은 셋째가 플루트에 소질이 있다며 대회를 권했다. 비교적 입상하기 쉬운 대회부터 지역 대회까지 1등을 휩쓸었고, 장학금도 탔다. 신이 난 선생님은 여러 번의 기회를 만들어줬다. 덕분에 좋은 경험을 많이 했다.

영국의 역사학자 토마스 칼라일Thomas Carlyle은 '아무리 약한 사람이라 할지라도 자신의 온 힘을 다해서 단 하나의 목적에 집중하면 원하는 것을 성취할 수 있다. 반면에 아무리 강한 사람이라도 그의 힘을 많은 목적에 분산하면 어떤 것도 성취할 수 없다'고 말했다.

나는 이 말에 깊이 공감한다. 몰입은 끈기와 꾸준함을 성장시킨다. 비록 과정은 고통스러울지언정 이것을 해결한다면 원하는 것을 얻을 수 있다는 걸 아이들은 몸소 깨달을 수 있다. 엄마표 영어로 365일 꾸준히 영어 몰입을 체험한 아이들은 영어뿐만 아니라 자신이 하고자 하는 것을 스스로 찾고, 끈기 있게 목적을 성취해나가는 내공을 만들 수 있다.

Key Point

1. 사춘기 아이에게 평생 갖고 갈 취미 하나 정도를 권하자.
2. 원하는 것에 몰입해서 프로급의 취미를 갖는 일은 자존감을 높여준다.
3. 몰입은 자신을 발전시키는 힘이다.
4. 다양한 몰입의 경험은 영어를 업그레이드할 수 있는 내공을 만들어준다.

스스로 진로를 정하는 아이

어학을 좋아하고, 대외적인 활동도 즐기는 첫째 아이는 고등학교 진학을 앞두고 10초도 고민하지 않았다. 초등학교 때부터 자기가 정해놓았던 외고를 간다고 했다. 그 학교는 집에서 편도로 1시간 이상 걸리고 교통편도 좋지 않았다. 차라리 집에서 가까운 외고를 가는 건 어떻겠냐고 했다. 아이는 학교 진학 설명회를 다니며 학교별 특징을 정리한 수첩을 보여주었다. 그리곤 자기가 정한 학교에 가야 하는 이유를 조목조목 설명했다. 학교마다 수업 커리큘럼Curriculum이나 동아리 활동이 조금씩 달랐다. 아이가 원하는 학교는 전공에 맞는 스페인어 커리큘럼이 다른 학교보다 탄탄했고, 동아리, 진로 활동, 봉사 활동 시스템이 잘 갖추어져 있었다. 무엇보다 모의 유엔 대회MUN를 여는 학교였기에 무조건 이곳에 입학하고 싶다는 의사를 밝혔다. 첫째는 어릴 때부터 진로를 고민했고 그에 맞게 계획을 세워 공부했다. 그걸 알기에 더 이상 말릴 수 없었다.

자신이 원한 외고에 합격한 첫째는 공부 외에 동아리 활동과 봉사 활동에도 몸을 사리지 않고 열성적으로 했다. 외교관이 꿈이었고 가고 싶은 학과도 이미 정해놨기 때문에 동아리나 봉사 활동도 쉴 수 없었던 것 같다. 학교에는 다양한 동아리가 있었고 철저히 학생들에 의해 운영되었다. 뜻이 맞는 학생들끼리 모여 자율 동아리를 만드는 것도 학교에서 적극 지원해주었다.

동아리에 가입하려면 자기소개서를 쓰고 면접을 거쳐야 했다. 회원들의 열의와 선배들의 리더십이 발휘되는 동아리는 불같이 타오르기도 하고 시원치 않으면 시들시들 없어지기도 했다.

첫째가 가입한 동아리는 '반크VANK'라는 외교 동아리로 외국인에게 다양한 방법으로 한국을 홍보하는 활동을 했다. 아이는 2학년 때 동아리 부장이 될 정도로 열성적이었다. 동아리 회원들과 의견을 주고받으며 활동의 폭을 넓혀 나갔다. 아이가 동아리에서 한 활동은 영어로 한국 홍보 영상 촬영하기, 영상 편집해서 유튜브YouTube 등에 업로드하기, 인사동에서 한국을 알리는 행사 주관하기, 외교관들과 만남의 시간 갖기 등이었다.

그밖에 다양한 활동을 한 것으로 기억하는데 그중 가장 최고의 성과는 동아리 반크를 유네스코가 인정한 공식 동아리로 만들어 지원금을 받게 한 것이다. 유네스코에서는 올바른 외교 활동을 하는 민간단체를 뽑아 지원을 해주는데 반크가 이에 어울린다고 생각해 지원한 것이다. 지원 서류로 써야 할 것도 제출해야 할 것도 많았는데, 반크가 활동했던 내용과 앞으로 어떤 활동을 할 것인지 구체적인 비전을 정리하고 제시했다. 물론 영어로. 세계 각국에 있는 크고 작은 단체들이 지원한 가운데 높은 경쟁률을 뚫고 합격하는 기염을 토했다.

첫째는 학교에서 1년에 한 번, 3일 동안 열리는 모의 유엔 대회MUN에서 유엔 사무총장 역할을 맡기 위해 치열한 경쟁을 벌였다. 학교의 큰 행사를 위해 대회를 진행하는 것은 보통 일이 아니었다. 정해진 예산에서 비품을 구매해야 했고 대회가 원활하게 진행되도록 각 커뮤니티의 의견도 조절해서 들어야 했다. 전교생이 참가하는 대회이니 공정하게 진행시키는 게 우선이었다. 항상 중대한 짐을 떠맡은 채 일을 하는 것 같아 대견하기도 하고 안쓰럽기도 했다. 비쩍 마른 아이는 늘 신경성 장염에 두통을 달고 살았다. 그래도 본인이 좋다는데 어쩔 수 없었다.

이 와중에 영어로 하는 외부 봉사 활동도 많이 했다. 주로 저소득층이나 외딴 시골에 있는 학생들을 위한 영어 교육 영상을 촬영했다. 직접 대본 작성, 강의, 편집을 해야 했기에 손이 많이 갔다. 잠도 줄여가며 노력한 결과 우수 동아리 활동 사례로 상을 받았다. 첫째는 공부, 동아리, 봉사 활동 등으로 나보다 더 바쁜 십 대를 보냈다. 안쓰럽고 걱정도 되었다.

하지만 입시 위주로 돌아가는 교육에서 벗어나 아이가 하고 싶은 것을 마음껏 하게 해주고 싶었다. 미하이 칙센트미하이Mihaly Csikszentmihalyi는 《몰입의 즐거움》에서

'자기 목적 성과'에 대해 설명한다. 자기 목적성을 가진 사람은 원하는 일을 하는 것 자체가 이미 보상으로 여겨지기에 물질적 보상 같은 것을 필요로 하지 않는다. 첫째는 본인이 그려놓은 청사진을 실행하는 것 자체가 즐거웠으리라.

시끌벅적하게 학창 시절을 보내던 첫째와 다르게 둘째 아이는 조용히 할 일을 하는 아이였다. 사람들은 첫째와 둘째를 비교하곤 했었는데 지나고 보니 각각 개성이 있는 아이들이고 존중받아야 한다고 생각한다. 어떤 아이의 생활이 더 낫다고 말할 수 없다. 아이들은 나름대로 자기 인생을 고민하고 생각하며 각자의 방식대로 무럭무럭 성장한다.

《당신이 절대 버리지 말아야 할 것》을 쓴 심리학자 탄원페이는 내향적인 성격을 지워야만 사회에서 성공할 수 있고, 더 행복한 인생을 살 수 있다는 고정관념에 반기를 든다. 더불어 내향적인 성격은 외향성 주도의 사회에서 외향적인 성격의 사람들이 만들어온 성공 공식과는 다른 창의적이고 개성적인 성공을 얻을 수 있게 한다고 말한다. 빌 게이츠Bill Gates, 워런 버핏Warren Buffett, J.K. 롤링Joan K. Rowling 등 그 이름만 들어도 감탄이 나오는 사람들 모두 내향적인 성격을 지니고 있다. 나도 가까이서 둘째를 본 결과, 내향적인 성격이야말로 틀에 박히지 않은 남다른 성공을 거둘 수 있다고 믿어 의심치 않는다.

첫째가 외고를 갔지만 둘째는 자사고를 선택했다. 자기소개서를 쓰고 면접을 보고 합격 소식을 기다렸다. 생각처럼 되지 않는다며 울 때도 있었지만, 이내 마음을 가라앉히고 자신이 쓴 자소서를 바탕으로 예상 면접 질문지를 만들어 연습했다. 더 완벽하게 준비하기 위해 셀프 동영상을 촬영해 말투, 자세도 점검했다.

셋째는 답이 딱 나오는 수학 문제를 좋아했다. 이과 성향임에도 국제중에 도전하겠다며 팔을 걷어붙였다. 언니들의 영향이 있었을 거라고 생각한다. 학교와 인연이 있었는지 덜컥 합격했다. 부모와 떨어져 기숙사 생활을 해야 하고 생각보다 여러 가지로 힘들다고 징징거리기도 했지만 그럭저럭 적응하며 지내고 있다.

어떤 일을 아주 잘하려면 능력 이상으로 노력해야 한다. 배우 윌 스미스Will Smith는 내가 남보다 나은 점이 있다면 어리석고 지독해 보일 정도로 근면하다는 것이라며, 성공은 끝까지 해내는 것이라고 했다. 너무 고통스러워지기 전에 중지하면 실패다. 고통으로 들어가지만 성취를 위해 해내는 과정이 '몰입'이다. 열정과 끈기, 불굴의 의지로 엄마표 영어를 포기하지 말고 끝까지 해나가자. 2분 집중 듣기, 그냥 흘려듣기, 책 읽어주기를 10년 하면 아이의 자기 주도 학습 근육이 단련된다. 놓칠 수 없는 매력이다.

Key Point

1. 엄마표 영어 10년이면 자기 주도 학습 근육이 키워진다.
2. 여유 있게 자란 아이들이 시간 관리도 잘한다.
3. 어떤 일을 잘하려면 능력 이상으로 노력해야 한다.

독립적인 아이들

내 생애 가장 오금 저린 날은 아마도 첫째의 대학 입시 원서를 쓰는 며칠 동안이었던 것 같다. "네 일은 네가 알아서 해라."라고 말하는, 따뜻하지만 무심함을 표방한 엄마였어도 대학 입시 원서를 쓰는 일은 떨렸다. 지금 생각해보면 합격자 발표일보다 더 긴장됐던 나날이었다.

다행이었던 건 첫째의 단호함이었다. 전형을 좁혀서 자신이 제일 잘할 수 있는 거 딱 하나만 정해서 쓰겠다고 했다. 전공 지원도 무조건 본인이 원하는 과 한 개만 썼다. 수십 가지 대입 전형이 있는데, 혹시 여기서 안 되면 이거라도 해야 하는 거 아니냐고 떨림 반, 협박 반을 담아 제안했다. 하나라도 잘하자는 게 내 교육관이었지만 대학 입시 앞에서는 마음이 한없이 작아졌다. 첫째도 분명히 속으로 긴장됐을 텐데 답은 "싫어!"였다. 그러다 이내 본인도 불안한지 "엄마 말대로 해?" 하고 나를 쳐다보는데 눈치가 보였다. 아이의 결심대로 원서를 썼고 결정은 탁월했다. 하나만 공략하기에도 할 게 많은데 6개의 대학 원서를 쓰는 건 보통 일이 아니었다.

원서 제출 기간 첫 날, 남편은 갑자기 배가 아프다고 하더니 증상이 심해져 응급실에 입원해 쓸개를 떼내는 수술을 받고 며칠 동안 병원에 입원했다. 퇴원 날짜가 원서 마감일과 겹쳐서 수험생과 아이 둘, 환자를 챙기느라 혼이 쏙 빠지도록 정신이 없었다. 신경을 써서 그런지 그렇게 빼려고 해도 안 빠지던 살이 쭉쭉 빠졌다.

첫째는 학교에서 원서를 간략하게 쓰고 하교하면 아빠가 입원한 병원으로 왔다. 병원 휴게실 한쪽 구석, 천 원을 내면 40분간 사용할 수 있는 열악한 컴퓨터 앞에 쪼그리고 앉아 원서를 거듭 수정했다. 대입 원서 쓰는 아이를 물끄러미 지켜보던 나는 불안한 마음을 내려놓았다. 고등학생이 자기 앞날을 결정해서 지원하려는 대학의 특

성과 교육이념, 교훈을 뽑아 놓고 그것에 초점을 맞춰 자소서도 착착 쓰고, 필요한 서류는 알아서 준비하는데 대학을 가든 못 가든 자기 앞가림은 하고 살겠다 싶었다.

첫째는 일찌감치 전공을 정했던 터라 그와 관련된 봉사 활동, 동아리 활동을 했고 내신도 단단히 다져 차고 넘칠 만큼의 생기부를 준비했다.

전형마다 써야 할 것, 쓰지 말아야 할 것이 달라 헷갈릴 법도 한데 집중력을 유지하며 침착하게 잘해냈다. 필요한 서류도 잘 챙겨서 병원 우체국에서 보냈다. 6개 대학 원서를 다 쓰고 제출한 마지막 날, 본인도 너무 힘들었는지 스트레스를 풀려고 병원에 있는 미용실에서 펌을 다 했다.

엄마표 영어 10년이면 엄마 인생이 편해진다. 아이들이 자기 주도로 일을 해나가니까. 애착의 최종은 독립이라더니 중요한 일을 앞두고 부모에게 의지하지 않고 본인이 알아서 다한다.

첫째는 면접을 위해 고3 때도 책 읽는 걸 놓지 않았다. 《동물농장》, 《위대한 개츠비》, 《1984》는 필독서다.

어떤 학교 면접에서 《동물농장》과 관련된 질문이 나왔다고 했다. 이제는 단편적이고 표준화된 지식을 묻는 면접은 하지 않는다. 성실성, 창의성, 사고력, 논리성 등을 종합적으로 볼 수 있는 질문을 던지고 판단한다. 학교 생활을 바탕으로 얼마나 충실히 자신을 발전시키고 성장시켰는지 일관성 있게 논리적으로 풀어내야 한다. 아이는 자율적 독서를 통해 스스로 답을 얻었다.

대학에 줄줄이 합격하고 어디를 갈지 고르는 즐거운 고민만 남았다. 조금의 망설임도 없이 본인이 가고 싶은 학교를 선택했다. 다른 대학을 권해보기도 했는데 역시나 들은 척도 안 했다. 확실한 독립이다. 정신적 독립만이 아니었다. 대학에 합격하자마자 혼자 생계를 책임져야 하는 사람처럼 아르바이트를 하더니 고등학교 졸업과 동시에 한마디 상의도 없이 학교 근처 원룸을 얻어 독립했다. 남편과 나는 어이가 없어 망치에 얻어맞은 듯 집을 나서는 딸의 뒷모습만 멍하니 쳐다보았다.

그러나 그 기세 좋던 아이는 대학생 사춘기를 심하게 앓았다. 날개를 달고 훨훨 날아다닐 것 같던 아이는 어디 갔는지… 대학교 2년의 생활은 암흑의 시기라고나 할까. 그마저도 인생의 한 조각이니 안쓰러워도 실컷 앓도록 땡전 한 푼 보태주지 않고 지켜보기만 했다. 2년 동안 월세와 생활비를 혼자 감당했던 것만 해도 대단하다 생각한다.

첫째가 대학을 가고 세 아이의 육아에서 숨통이 좀 트이나 싶었는데, 조용했던 둘째가 고등학교 자퇴를 선언했다. 아주 숨 쉴 틈이 없었다. 자퇴는 즉흥적인 선택이 아니라 오래전부터 계획했던 것 같았다. 그래픽 디자인을 전공하고 싶은데 유학 가고 싶은 지역, 학교부터 향후 10년 후의 계획까지 갖고 있었다. 갈 때 가더라도 고등학교 졸업하고 가면 안 되겠냐는 소리는 씨도 안 먹혔다. 아무리 확고한 결심이 섰더라도 미성년자를 혼자 멀리 보낼 수 없기에 부랴부랴 같이 짐을 쌌다.

조용한 황소고집쟁이 둘째는 토플TOEFL을 보기 위해 태어나서 한 번도 안 다녀본 영어 학원을 2개월 동안 다녔다. 과연 좋은 점수가 나올까 했는데 웬걸! 첫 토플 시험에서 미국의 아이비리그 대학 통과 점수가 나왔다.

듣기 영역 점수가 가장 높았다. 엄마표 영어의 듣기 위력을 실감했다. 둘째는 집에 오면 방문을 닫고 나오지 않고 말수도 없는 편이었다. 그래서 가끔은 말 한마디 들으려고 일부러 허벅지를 한 대 때리기도 했었다. 그런데 방안에서 자신이 좋아하는 콘텐츠를 찾으며 영상을 보니 귀는 항상 열려 있었던 거다. 영어는 이렇게 하면 된다. 실속 있는 영어. 필요할 때 부담이 되거나 걸림돌이 되지 않으면 된다.

한국에서는 입 꾹 다물고 지냈던 아이가 캐나다에서는 굉장히 자연스럽게 술술술 영어가 튀어나왔다. 학원을 다니지 않은 덕분인지 현지인에 가까운 표현과 발음이었다. 한국인 특유의 악센트가 없었다. 둘째는 지금도 그런다. 어쭙잖게 말하는 연습보다는 그 시간에 차라리 많이 듣는 게 훨씬 자연스러운 영어를 할 수 있다고. 말이 그냥 나온다고. 학교 선생님들은 이제 막 캐나다에 도착한 아이가 자연스럽게 영어하는 걸 보고, 한국에서 영어가 공용어냐고 물어봤다.

잘 알아들으니 바로바로 말이 나오는 것 같은데 나

는 통 못 알아듣겠다. 설령 알아들었다 해도 말이 바로 안 나오니 엄마표 영어는 잘하는데 왜 내 영어는 늘지 않는지 아쉬웠다.

캐나다에서 쓰는 대학 원서는 오롯이 본인에게 맡길 수밖에 없었다. 원서 요강을 읽어도 온통 영어이니 무슨 소리인지 모르겠다. 게다가 그래픽 디자인과에 보낼 포트폴리오는 용어, 규격, 규칙에 대해 까다로웠다. 재료를 사는 일부터 그리고 찍고, 프로그래밍하는 일 모든 걸 둘째가 알아서 해나갔다. 모르는 건 고등학교 선생님께 여쭤보고 비싼 도구는 다른 사람에게 빌리기도 했다. 둘째와 함께 대학 입학 설명회를 들으러 갔는데 학부모와 아이들이 구름 떼처럼 몰려 따닥따닥 붙어 앉아 있었다. 학구열은 세계 어디나 별반 차이가 없어 보였다.

캐나다에 온 지 1년도 안 되어 혼자 이렇게 해나가는 걸 보면서 난 다시 마음을 놓았다. 대학에 붙건 떨어지건 혼자서 자소서 쓰고, 선생님들께 여쭤보고, 포트폴리오 만들고… 하나씩 스스로 진행하는 걸 보니 괜히 자퇴를 선택한 게 아니었다는 생각이 들었다. 둘째는 당당하게 합격을 했다.

막내 역시 집에서 애니메이션을 보거나 책을 읽으며 엄마표 영어를 접했던 덕분에 캐나다에서도 학업을 잘 따라갔다. 캐나다 전국 수학 경시대회가 열리면 각 지역의 학교들은 학생들에게 꽤 신경을 써서 수학 문제가 빼곡히 적힌 문제들을 숙제로 내준다. 계산은 뚝딱 해내는데 최소 공배수, 최대 공약수 같은 용어가 영어로 써 있으니 문제를 이해하기 힘들다 했지만 혼자 사전을 찾아가며 공부해 거뜬히 상을 탔다. 딱 1년간의 경험, 낯설고 힘들었지만 이 시간은 엄마와 두 딸을 멋지게 성장시켰다.

세계적 기업인 아마존의 CEO 제프 베조스Jeff Bezos는 아이들이 즐거운 일에 몰두하게 두는 일이 본인 책임이라고 느꼈다. 제각각이었던 세 아이의 관심사를 신경 썼고, 아이들이 하는 대로 지켜보았다. 나도 엄마표 영어를 실천할 때 아이와 적당한 거리를 두고 관심사를 지켜 보았다. 자기 주도 학습을 할 수 있게 적절한 환경을 조성해서 아이들이 관심사에 몰두하는 것도 확인했다. 아이들은 3S가 장착된 사람으로 성장했다. Self-esteem(자존감 높은 사람), Self-direted learning(자기 주도 학습)으로 인생을 성장시켜 나가고 Save money(저축)를 통해 나의 통장 지원금은 투자로 이어졌다.

Key Point

1. 자기 주도 학습이 장착된 아이들은 스스로 문제 해결을 한다.
2. 아이들이 스스로 할 수 있게 기다려주고 지켜봐라.

제2외국어는 껌이죠

엄마표 영어는 모국어를 바탕으로 한 학습이 아닌 영어 환경을 만들어주고, 아이들은 이곳에서 자연스럽게 외국어를 습득할 수 있다. 영어도 모국어 수준까지 오르니 세 아이는 다른 나라 언어에도 관심을 가졌다. K-pop을 좋아하는 외국인들이 자연스레 한국말에 관심 두는 것처럼 둘째는 일본 애니메이션에 빠지며 일본어를 자연스럽게 습득했다. 언어에 욕심이 많은 첫째는 제2외국어로 스페인어를 선택했다. 스페인어도 영어 못지않게 많이 쓰이고 매력적인 언어라고 좋아하더니 스페인어 자격증 시험에 도전했다. 학교에서 운영하는 방과 후 수업에 스페인 자격증 시험 반이 있었는데 2년간 공부하고 결국

'델레dele'라는 스페인어 급수 시험에 응시해서 자격증을 땄다. 셋째는 중국어를 한다. 언어에 빠져들며 좋아하는 건 아니지만 3개 국어 이상 하는 언니들 밑에서 보고 배운 게 있어서 그런지 당연히 그렇게 해야 하는 걸로 알고 있다.

안젤라 더크워스Angela Duckworth의 《그릿Grit》에 이런 구절이 나온다. 훌륭한 수영 선수가 되는 가장 현실적인 방법은 훌륭한 팀에 들어가는 거예요. 엄마표 영어로 언어적 환경과 습관이 받쳐줘서 영어를 잘하게 되면 다른 언어를 배우는 것도 별일 아닌 것처럼 되고, 아이들은 서로 영향을 받는다. 아이가 많을수록 유리한 부분이다.

내가 영어보다 욕심낸 외국어는 한자(漢字)였다. 한자의 뜻을 알면 어떤 과목을 공부하더라도 이해하기 쉬워진다. 한자를 한 글자씩 읽는 것보다 단어의 뜻을 이해하는 게 중요하기 때문에 중학교 때 하는 걸 권한다. 첫째는 고등학교 입학 전 겨울에 2개월 남짓 한자를 배웠다. 짧은 기간이었지만 하루에 4시간 이상 집중해서 자격증을 땄다. 준비할 게 많은 시기에 한자도 공부하느라

고생했지만 한자를 배워 놓은 게 신의 한 수였다고 엄지 손가락을 번쩍 치켜올렸다. 주어, 부사, 형용사, 보어, 영어에서 쓰는 용어조차 한자이므로 한자를 알면 이미 뜻을 아는 것이기에 이해하기 쉽다. 한국사, 국어, 과학 모든 과목의 용어가 한자다. 한자를 알면 모국어를 더 깊이 알 수 있다.

'영어든 불어든 일어든 외국어를 배워보라. 새로운 언어의 낭만과 경이감이 평소에 생각하지 못한 여러 가지 가능성을 자극할 것이다'라고 김완수 작가는 말했다. 엄마표 영어로 10년 이상을 듣고 읽기로 언어에 자연스레 노출되고 학습이 아닌 습득으로 외국어가 장착된 아이들은 또 다른 언어로의 도전을 기꺼이 열어놓는다.

Key Point

1. 엄마표 영어는 제2외국어도 쉽게 접근할 수 있는 길을 열어준다.
2. 한자의 뜻을 알아두면 어떤 과목을 공부하더라도 쉽게 이해할 수 있다.

엄마표 영어 졸업

주식투자의 대가 워런 버핏Warren Buffett은 역사상 가장 훌륭한 투자가로 꼽힌다. 워런 버핏은 저평가된 가치주를 사서 오랫동안 가지고 있는 장기 투자자로 유명하다. 그에게는 2가지의 투자 원칙이 있다. 첫 번째 '절대 돈을 잃지 마라', 두 번째 '첫 번째 원칙을 절대 잊지 마라'. 나는 이에 대한 답을 '기다린다'로 결정했다. 10년 이상 보유할 주식이 아니면 10분도 보유하지 말라는 것과 같은 맥락이니까.

엄마표 영어도 워런 버핏의 투자 전략과 거의 일치한다. 10년간 엄마표 영어를 할 각오가 있지 않다면 10분도 하지 말라고 말하고 싶다. 기다린다는 건 간단한 것 같지만 실로 어려운 일이다. 컵라면에 물을 부어놓고 3~4분 기다리는 것도 안달 나서 중간에 한 번씩 열어보는 게 인간 심리인데 10년 이상을 어떻게 기다린단 말인가.

엄마표 영어는 주식으로 말하자면 성장성 있는 가치주다. 지금은 가치주로써 표도 나지 않고, 비싸지도 않고, 사람들 관심 밖에 있을 뿐이다. 10년 동안은 오르는 것 같지도 않고 내려가는 것 같지도 않고 움직임이 미미해 답답해 죽는 순간의 연속이다. 그래도 포기하지 않고 나의 안목과 소신을 믿고 밀고 나가야 한다.

10년 후에야 가치가 드러나기 시작한다. 청소년기에는 엄마표 영어 주식 가치가 로켓처럼 솟구쳐 오른다. 남들 따라 샀다 팔았다 하며 주식을 해봤자 잃을 확률이 높은 것처럼 이런저런 사교육을 시켰다 말았다 하면 영어는 성공하기 어렵다.

Key Point

1. 엄마표 영어는 성장성 있는 가치주다.

Ⅳ

엄마표 영어,
꿈을 이루다

엄마표 영어의 수혜자는 바로 나

영어 그림책 한 권으로 아이와 꽁냥꽁냥 읽고 또 읽으며 춤추고, 노래하며 시작했던 엄마표 영어가 어느새 20년이 지났다. 아이들과 동동거리느라 입에 커피 한 모금 넣을 시간 없었고 내 시간의 간절함에 목말라 가슴에 쓸쓸함이 가득 쌓이던 시간. 아이가 학교 간 사이 엄마들끼리 브런치라도 먹으며 소소한 즐거움을 누리지도 못했던 외로운 시간. 한숨 돌리나 싶었는데 늦둥이 셋째가 태어나 처음부터 다시 시작해야 했던 나날. 오죽하면 쉰 살이 되길 기다렸을까. 그렇게 끝날 것 같지 않던 엄마표 영어 터널을 결국 무사히 통과했다.

어린 생명체를 키우는 일은 보람 있고 행복을 주기

도 하지만 매일 그런 건 아니다. 힘들고, 괴롭고, 짜증 나고, 긴장되고…. 지나고 보니 구질구질했던 나의 시간이 콘텐츠가 되고 내공으로 돌아왔다. 아이가 크는 만큼 나도 성장했다. 아이들과 책을 읽은 힘으로 결국 나는 사십대 후반에 동화 작가가 되었다. 동시에 갱년기가 찾아와 건강도 나빠지고 우울감에 시달리며 슬럼프에 빠진 적도 있었다. 우울감을 돌파하고자 운동을 했고, 최고령으로 피트니스 대회에 도전하기도 했다. 그리고 이 경험을 바탕으로《50, 우아한 근육》에세이도 쓰게 되었다.

엄마표 영어를 통해 세 아이 모두 3개 국어를 하게 된 성공 스토리도 중요하지만 그것보다 더 중요한 건 자기 일은 스스로 알아서 하는 독립적인 아이들로 키웠다는 거다. 아이들이 독립적이 되면 엄마에겐 정신적 자유가 생겨 나를 돌아볼 시간이 주어진다.

나는 소확행을 누리는 부자 엄마가 되었다. 부자에 대한 개념은 상대적인 거라 땅이나 건물로 들이대면 할 말이 없다. 내 기준은 세 아이 중 한 명의 학비를 댈 만큼의 능력, 1년에 한두 번쯤 식구들을 데리고 호텔 뷔페를 현찰로 쏠 정도, 17년 차 전업주부였어도 내 용돈은 내가 알아서 쓸 만큼의 돈이다. 재테크는 주식으로 했고 지금도 한다.

아이 셋을 키우면 의식주만 해도 어마어마한 비용이 들어간다. 뒷바라지를 끝내고 보면 어느덧 환갑을 바라보는 나이가 된다. 노후 대비를 위해서도 투자는 해야 한다. 나이가 들수록 뭐니 뭐니 해도 머니Money는 꼭 필요하다. 자식에게 경제적으로 부담 주지 않는 부모가 되려면 과도한 교육비 지출은 한 번쯤 고려해야 한다.

사교육비를 절약해 캐나다에서 1년 살기를 한 결과, 돈은 '경험의 도구'라고 생각한다. 돈을 들여 경험(체험)을 할 수 있고, 그 경험이 행복으로 이어지니까. 2008년 서브 프라임 모기지Subprime Mortgage loan 사태로 리먼 브러더스Lehman Brothers가 파산해 세계적으로 경제 위기가 왔을 때 나는 캐나다로 떠나면서 적립식 펀드를 들었다. 주식이 폭락해 아무도 거들떠보지 않았을 때 과감히 적립식 펀드에 가입한 것이다.

한국으로 돌아올 때 펀드 수익률은 100%가 넘었고 세 아이의 국제중, 특목고 학비에 엄청난 보탬이 되었다. 사람 사는 세상, 현재 세상이 무너질 것 같아도 과정을 거치면서 극복하고 앞으로 나아갈 확신이 있기에 투자를 한다.

교육과 주식에는 공통점이 많다. '밀짚모자는 겨울에 사라'라는 주식 격언이 있다. 테마나 유행에 휩쓸리지 말고 아무도 쳐다보지 않는 좋은 주식을 저가에 사서 3개월만 진득하게 기다려보자. 단 얼마라도 수익은 난다. 가장 쉽고 가장 크게 벌 수 있지만 기다림, 인내심을 갖는다는 건 쉽지 않다. 휩쓸려서 남 따라 하지 말고 소신 있게 투자하고 느긋하게 기다려라. 정말 엄마표 영어와 맥을 같이 하지 않는가?

엄마표 영어의 최대 수혜자는 바로 나다. 아쉬운 건 아이들은 영어 능통자가 되었는데 나는 아직도 영어를 못한다는 것. 엄마표 영어 하듯이 듣기부터 시작해서 한 십 년 후쯤 얼마큼 영어를 잘하게 될지 시험해보고 싶은 생각이 있다. 누가 알까. 십 년 후 환갑이 넘어 영어를 잘 하는 할머니가 돼서 유튜브를 하고 있을지.

Key Point

1. 엄마표 영어로 아이가 크는 만큼 엄마도 성장한다.
2. 지나온 나의 모든 날이 콘텐츠가 되고 내공이 된다.
3. 독립적인 아이로 키우면 엄마에게는 정신적 자유가 생긴다.
4. 엄마표 영어로 부자 엄마가 되는 기반을 마련하자.

가족의 꿈과 도전은 계속 이어진다

첫째와 둘째가 성인이 되었다. 그들의 꿈과 도전은 현재 진행 중이다. 아르바이트를 하면서 취업 걱정도 하고 멋도 부리고 술도 마시고 게임도 하고 장학금도 탄다. 때로는 치열하게, 때로는 느슨하게 선을 넘나들며 달콤살벌한 인생을 살고 있다.

첫째 아이는 '중2병'도 아닌 '대2병'을 극심하게 앓았다. 중·고등학교 때 치열하게 살았기에 대학교만 가면 날아다닐 줄 알았다. 그런데 이게 웬걸. 선택한 전공이 적성에 맞지 않는다고 했다. 성적은 바닥을 치고 학교 생활에 재미를 못 느끼며 허우적거렸다. 학교 축제도 소 닭 보듯이 했다. 독립을 해야겠다며 기세 좋게 나가서는 고

시원 같은 자취방에 들어가 월세 버느라 바빴다. 도와줄까 하다가도 본인이 저지른 일은 혼자 힘으로 끝까지 해보는 게 맞다 생각하고 눈 질끈 감고 지켜봤다.

자취방에서 2년을 버티다 휴학을 하고 집으로 들어온 아이는 자존감이 많이 떨어져 있었다. 식사도 제대로 못 챙겨 먹어 가뜩이나 마른 애가 30kg대의 저체중이 되어 물컵을 들 때도 손을 달달 떨면서 들었다. 무기력하고 예민해져 있었다. 성인이 된 딸한테 잔소리하기도 어려웠다.

일단 건강을 챙기는 게 먼저였기에 운동을 권했다. 방에서 나오지도 않던 애가 몸을 움직이더니 이왕 하는 거 제대로 해보겠다고 대학생 피트니스 대회를 목표로 정하고 운동을 했다. 100일 동안 식단 챙겨 먹으며 운동하고 몸을 만들어 대회에 나가 그랑프리를 탔다. 왕년의 그녀가 돌아온 듯했다. 젊은 시절 자신의 몸에 집중하는 시간은 인생 전체에 영향을 끼칠 만큼 중요하다.

몸과 마음을 끌어올리며 자존감과 자신감을 회복한 첫째 아이는 그동안 못했던 봉사를 했다. 적십자 단체에 지원해서 뽑혀 통역하고 세계 각국의 적십자 단체와 교류하며 직원들의 신임을 얻어 많은 일을 배웠다. 다시 스페인어에 매진하고 학교 공부도 열심히 했다. 복수 전공으로 경영학을 선택해 벤처 사업가의 꿈을 키우고 있다. 최근에는 치열한 경쟁률을 뚫고 인턴사원으로 합격해 해외 마케팅 일을 배우고 있다. 영어를 잘하니 봉사나 인턴이나 기회의 폭이 넓은 건 확실하다.

우리 집의 대박은 둘째였다. 엄마, 아빠 두 손 두 발 다 들게 만든 사춘기를 겪은 아이는 대학 가서 고3 저리 가라 할 정도로 빽빽하게 수강 신청을 하더니 조기 졸업을 했다. 아침 8시부터 저녁 5시까지 수업하고 날마다 과제에 시달리며 주 5일을 공부했다. 대학생이니 좀 놀면서 하라고 잔소리를 해도 자기 인생 플랜Plan대로 하고 있다며 간섭 말라고 했다.

졸업을 일찍 한 건 좋은데 취업 문제가 남았다. 코로나19로 취업 문도 좁아지고 캐나다 현지인들도 다니던 직장에서 쫓겨나다시피 하는데 경력도 없고 영주권도 없으니 당연히 취업하기 어려웠다. 한국에 들어오라고 했는데 성공하기 전까지는 안 온다고 버럭 성질을 냈다. 이제 스무 살을 넘긴 아이가 혼자 이력서를 쓰고 포트폴리오를 만들며 직업을 구했다. 면접은 화상으로 진행되었는데 영어로 말하는 게 긴장된다고 했다.

둘째는 걱정하던 것과 달리 몇 군데 면접을 보더니 덜컥 취업을 했다. 처음 면접 본 회사에서 포트폴리오가 마음에 든다고 합격했다가 영주권자가 아니어서 다시 불합격했다가 그런데도 포트폴리오가 정말 마음에 든다며 정직원으로 채용했다. 최종 합격을 한 것이다. 첫 월급을 몽땅 부모에게 보내준 기특한 딸.

아이들은 지켜봐야 한다. 제일 좋은 건 둘째가 선택한 전공이 적성에 잘 맞는다는 것. 컴퓨터를 잘하고 미술을 잘하니 그래픽 디자이너란 직업이 딱이다. 어린 나이에 살 집도 혼자 보러 다니고 계약서도 꼼꼼히 살피고 서류도 떼러 다니며 이삿짐도 나르는 모습을 멀리서 지켜봐야만 하니 안쓰럽다. 하지만 주변에 좋은 분들의 도움도 많이 받는다. 최고의 복은 인복, 둘째 아이는 복 많은 아이다.

막내는 두 언니의 독립적인 행보에 신경 쓰며 자기 앞날을 고민하고 있다. 3D프린터 개발자도 되고 싶고, 코로나19를 겪으며 바이오 계통에도 관심을 두고 있다. 어떤 선택을 할지 궁금하다.

김민식 PD의 《영어책 한 권 외워 봤니?》에 외국어를 잘하게 되면 좋은 점을 설명하는 부분에 깊이 공감한다. 사람의 생각 능력은 그 사람이 쓰고 있는 언어의 능력이다. 자신이 알고 있는 언어로 생각한다. 다른 나라의 언어를 모국어처럼 할 수 있는 능력은 나의 세계가 하나 더 생긴다는 뜻이다. 생각의 폭이 넓어지고, 급변하는 세상 속에서 다양성을 빨리 받아들인다. 세계 80개국 이상에서 사용하는 영어를 자유롭게 쓸 수 있게 되면 즐길 수 있는 문화권이 전 세계로 확대되는 것이다. 문화를 즐기는 것, 영어 공부의 수단이자 목적이다.

4차 산업혁명 시대다. 인공지능의 시대에도 사람들과 공감하고 교감하고 소통하는 능력은 필수다. 자유와 독서, 영어의 만남이었던 엄마표 영어가 아이의 미래에

튼튼한 받침이 되었으며 실패를 했을 때 딛고 일어서는 무기가 되었다. 이렇게 우리는 각자의 꿈과 도전을 계속 이어나갈 것이다.

Key Point

1. 다른 나라의 언어를 모국어처럼 할 수 있는 능력은 생각의 폭을 넓힌다.
2. 엄마표 영어의 핵심인 자유와 독서는 사람들과 교감하고 소통하는 능력을 키운다.

다시 시작해도, 엄마표 영어!

엄마표 영어의 근간은 아이에 대한 존중이다. 아이든 어른이든 존중받을 때 자존감이 생긴다. 올바른 관심은 아이를 있는 그대로 인정하고 내 생각을 강요하지 않는 것이다. 엄마의 계획 속에 아이의 행동을 시시콜콜 조절하는 것은 간섭이다. 간섭이 아닌 관심을 가져야 한다. 아이러니하게 들리겠지만 엄마표 영어를 시작할 때 '영어는 잊어라!'라고 말하고 싶다. 영어는 아이와 엄마의 친밀한 상호작용, 교감, 소통의 좋은 수단일 뿐이다.

작가 알렉스 헤일리Alex Haley는 '아이들도 식물처럼 적절한 양분과 물을 주면 아름답고 강하게 성장하죠. 중요한 것은 적절한 환경, 잘 자랄 수 있는 토양을 조성해주는 거예요. 즉 아이들의 욕구에 귀 기울이고 그에 부응해주기만 하면 됩니다. 아이들은 자기 미래를 꽃피울 씨앗을 내면에 지니고 있어요. 우리가 믿어주면 자기만의 관심을 드러내죠'라고 강조한다. 구구절절 동의한다.

나에게 엄마표 영어는 아이들과 함께 성장하는 동반자였다. 아름다운 노래를 듣고 심심할 때는 책을 읽으며 대화하고 노는 놀이이자 소통의 도구였다. 아이의 관심사를 세심히 관찰하고 공감하고 좋아하는 것에 대한 흥미를 이끌어주는 것만 하면 된다. 사소한 욕심을 버려야 10년 동안 엄마표 영어를 이끌어나갈 수 있다. 중·고등학교 때 영어를 시작한다면 충분히 영어를 듣는 시간을 갖길 바란다. 듣는 시간 없이 언어를 접한다는 것은 모래 위에 집을 짓는 것과 같으니까.

엄마표 영어는 선행 학습이 아니다. 입시 영어는 중학교부터 시작해도 충분하다. 초등학교 때까지는 시험, 숙제, 문제 풀이 등 학습적인 것에서 벗어나 모국어를 습득하듯이 일상에서 영어를 최대한 노출시키는 것에 집중

해야 한다. 엄마들이 흘려듣기가 안 된다는 건 한 단어라도 더 외우고 말해야 마음이 놓이는 조급함 때문이다. 옛날에 교육받았던 시험에서 벗어나지 못하는 거다. 한국말도 수많은 흘려듣기를 통해서 입이 트이는 것처럼, 영어도 무조건 많이 들을 수 있는 환경을 만들어 밀고 나가야 한다.

잘 듣고 있나 억지로 확인하는 것도 금지 사항이다. 문득문득 의도하지 않아도 확인이 되는 순간이 있다. 예를 들어 래퍼들의 쏜살같이 빠른 발음을 알아듣거나 미드(미국 드라마)나 영화를 보다가도 아이들이 무심코 대사를 따라 하는 순간 등이다. 영어 학원을 오래 다녔다는 아이들이 자막이나 더빙 없이 애니메이션 보는 걸 싫어하는 걸 본 적이 있다. 그건 듣기를 못해서이다. 듣지를 못하면 그 영어는 죽은 영어나 다름없다.

멀리 보는 사람들은 요란 떨지 않고 조용하게 내실을 다진다. 4차 산업혁명 시대에 태어난 아이들은 사고하는 것보다 자동화에 익숙하다. 뇌도 근육이다. 읽고 이해하는 순간 뇌 근육이 발달하며 어제보다 오늘 더 튼튼해질 텐데 디지털 사회 구조에 대책 없이 노출된다면 사고력이 떨어질 것은 불 보듯 뻔하다.

생각의 뇌를 키우려면 의도적으로라도 사고의 도구가 필요하다. 결국 읽고 이해하는 힘으로 공감과 소통 능력을 키워야 한다. 세상을 살아가는 데 필요한 지혜와 통찰력을 기르는 힘이다. 기본이 되는 걸 무시한 채 다른 곳에서 경쟁력을 찾는 것은 기본 연습 없이 모차르트의 곡을 치려는 것과 같다.

빛나는 일상은 갈등과 고민의 연속이다. 무엇을 할까를 고민하지 말고 어떻게 할까를 고민하자. 또래의 학부모들에게 제일 많이 받은 질문은 "영어 뭐해요?"였다. 영어는 이렇게 한다고 설명하면 실망한 눈빛을 보냈다. 유명한 학원에 가서 공부하는 줄 알았는데 생각했던 대답이 아니라서 그런가 보다. 사교육이 빠진 영어는 영 못미더워하는 표정을 짓기도 했다. 지금은 내가 엄마표 영어를 가르치던 20년 전보다 공부하기 더 좋은 환경이다.

유튜브YouTube에는 영어와 관련된 좋은 영상이 넘친다. 그러나 정보의 홍수 속에 오히려 갈피를 못 잡고 어떤 걸 보여줘야 할지 갈팡질팡하기도 한다. 이럴 때일수록 소신과 확신을 갖고 꾸준히 밀고 나가야 한다. 아이와 오랜 시간을 보낼 수 없어도 걱정하지 말자. 맞벌이 부모들은 집에 돌아와 아이와 함께 보내는 30분을 알차게 보내면 된다. 아쉬우면 아쉬운 것을 무기로 삼자.

아이들에게 10년이면 100세 인생에서 준비 단계 정도다. 거듭 강조하지만 10년은 영어를 접하는 시간이지 영어로 성과를 내는 시간이 아니다. 천천히, 꾸준히, 조금씩만 하면 된다. 귀를 열게 하고 책을 읽는 데 집중하자. 재밌게 사는 세상 하나 더 마음에 품는 일이라 생각하고 크게 나가자. 큰 세상을 품은 아이는 공부, 봉사, 자기에게 닥친 일을 주도적으로 해나갈 수 있다. 도전에 따른 두려움을 받아들이고 실패를 발판 삼아 앞으로 나아간다.

자기 주도 학습이 강한 아이일수록 할당량처럼 주어

지는 공부를 거부한다. 하루를 시작하는데 눈앞에 시험지 한 장이 놓여 있다면 얼마나 싫을까? 자기 주도로 파고드는 심화 공부를 할 수 없으니 재미없어 한다.

시작하면 길이 보인다. 시작은 쉽고 짧게 하자. 좋은 습관은 진정으로 내가 하고자 하는 것에 다가가기 쉬워지게 만드는 치밀한 밑 작업이다. 흘려듣기, 2분 집중 듣기, 책 읽기, 영상 같이 보기가 엄마표 영어의 작은 습관이다. 작은 일을 할 수 없으면 큰일도 할 수 없다.

중용(中庸)에서는 기본을 강조한다. 작은 일도 무시하지 않고 최선을 다해야 한다. 작은 일에도 최선을 다하면 정성스럽게 된다. 정성스럽게 되면 겉에 배어나오고, 겉에 배어나오면 겉으로 드러나고, 겉으로 드러나면 이내 밝아지고, 밝아지면 남을 감동하게 하고, 남을 감동하게 하면 이내 변하게 되고 변하면 생육된다. 오직 세상에서 지극히 정성을 다하는 사람만이 나와 세상을 변하게 할 수 있다.

'Back To The Basic' 기본으로 돌아가자. 마음이 복잡하고 상황이 어려울수록 기본에 충실하면 문제가 잘 풀어지는 경우가 많다. 세상의 이치는 기본에 의해서 돌아가기 때문이다. 인간관계, 공부, 사업 다 그렇다.

나는 다시 한다 해도 엄마표 영어다. 아무리 최첨단으로 무장된 학원이 문 앞에 있다 해도 완벽한 AI 로봇이 가르친다 해도 기본에 충실한 아날로그 감성을 가진 엄마표 영어가 내 선택이 될 것이다.

Key Point

1. 엄마표 영어의 근간은 아이에 대한 존중이다. 간섭이 아닌 관심을 갖자.
2. 무엇을 할까를 갈등하지 말고, 어떻게 할까를 고민하자.
3. 엄마표 영어에서 영어는 잊자. 아이와 엄마의 친밀한 상호작용, 교감, 소통의 좋은 수단일 뿐이다.
4. 생각의 뇌를 키우려면 읽고 이해하는 힘으로 공감 능력을 키워야 한다.
5. Back To The Basic, 기본으로 돌아가자.

특별 부록

세 아이의 자기 주도 학습
& 참고문헌

○ 디베이트(Debate)

디베이트란 특정 주제에 대해 두 팀이 찬반으로 나뉘어 정해진 시간 안에 각자의 생각을 말하는 토의이다. 보통 3명이 팀을 이뤄 토의를 진행하는데 무대에서 말하기를 좋아한다면 적극 추천하는 활동이다. 디베이트를 준비할 때 도움이 되었던 건 꾸준한 독서와 신문 스크랩이었다. 본인의 생각을 상대방과 청중에게 효과적으로 전달하며 설득해야 하기에 배경지식이 다양하고 깊이가 있어야 한다. 경제, 사회, 문화 등 다양한 분야의 기사와 칼럼, 논픽션을 읽으면 도움이 된다. 갑자기 신문을 읽으라고 강요하면 거부할 수 있으니 어릴 때부터 영어책 읽기와 NIE Newspaper In Edcation를 병행하는 게 좋다.

디베이트를 꾸준히 진행하면 상식, 논리, 지식 등을 습관처럼 공부하게 되어 대회가 끝나도 쉽게 머릿속에서 지워지지 않는다. 토플TOEFL과 논술 실력도 저절로 늘어난다. 무엇보다 협동심과 배려심을 키울 수 있다. 개개인이 토론을 잘하는 것도 중요하지만 아이들이 서로의 단점을 커버하고 팀을 이끌어나가는 게 더 빛을 발한다.

첫째는 코넬-연세 영어토론 고교 대항전에서 2박 3일 동안 예선, 본선을 치르고 1등을 했다. 더불어 Best Speaker 상도 탔다.

○ MUN Model United Nations

디베이트에 눈을 뜨면, 모의 유엔 대회인 MUN Model United Nations에 참가하는 것도 좋다. MUN은 UN의 각 대사 역할을 맡아 토론, 협상, 결의안 작성을 통해 협상 및 발표 능력을 기르는 대회다. 각 나라의 대사 역할을 해야 하므로 국제 예절을 배울 수 있다. 각국 대사들을 설득해 자기의 발제가 채택되도록 외교 활동을 한다.

첫째는 중학교 3학년 때 GCI MUN Global Classrooms International Model UN Conference 대회에서 1등을 하여 국가 대표가 되었으며, 1년 후 한국 대표로 UN 본부가 있는 뉴욕으로 건너가서 세계 MUN 대회를 치뤘다. 이 대회는 미국에서도 인정하는 스펙이 되기 때문에 하버드, 예일, 프린스

턴 등 아이비리그 대학생들이 참가하며, 아이비리그를 노리는 미국 사립학교 고등학생도 참가한다. 결국 국제대회이지만 참가자의 70% 이상이 미국 학생이다. 이 대회에서 하버드, 예일 대학생들을 제치고 역대 최연소 수상자라는 기록과 함께 2등이라는 놀라운 성과를 거머쥐었다.

고등학교 2학년 때는 고려대학교 모의 유엔인 KMUN 대회에 참가했다. 이 대회에서는 처음 생긴 국제 사법 재판소 커미티에 니카라과 변호사로 배정되었는데, 이는 국제법을 활용해 각국의 국제 행위를 민형사적으로 재판하는 곳이다. 선례가 없어 온갖 판결문을 찾아가며 자료를 만들고 제본을 했다. 영어가 빽빽하게 써 있는 두꺼운 책 한 권. 보기만 해도 머리가 아픈데, 쉬운 길 두고 어려운 길을 택해서 하는 공부. 이게 진정한 자기 주도 학습이구나 싶었다.

니카라과와 콜롬비아 간 영토 분쟁에서 니카라과를 훌륭히 변호하여 이기고 Best Advocate Award(최우수 국제 변호사 상)를 수상했다. 역사도 있고 짜임새 있는 대회에서 좋은 사람도 많이 만나고, 상도 타고…. 일주일

동안 밤새고 두통과 장염에 시달렸지만 보람 있는 한 주가 되었다.

○ 중학교 내신 영어

중학교 영어 시험과 수능 영어 시험에 나오는 지문들은 경제, 사회, 철학, 스포츠, 과학 등 다양한 분야의 문학과 비문학이다. 학교 수시 면접에서도 다양한 관점과 논리적, 비판적 사고를 요구하니 신문이나 잡지 하나는 구독해서 읽는 게 좋다.

내신 영어는 학교 선생님이 가르친 범위 안에서 공부하면 된다. 수업 시간에 필기를 잘해놓는 게 관건이다. 책 읽기로 무장한 엄마표 영어가 득이 되면 득이 됐지 문제될 리 없다. 엄마표 영어도 영어고, 내신 영어도 영어다. 처음에 내신 영어 공부 학습법이 어색할지라도 나중에 시너지 효과가 팍 튀어 오를 것이다.

○ 고등학교 내신 영어

고등학교 때는 모든 공부가 수능과 연결되므로 내신

이 중요하다. 선생님이 수업 중 스치듯 내뱉은 말 한마디도 놓치면 안 된다. 내신은 1~9등급까지 산출해야 하므로 동점자가 많으면 등급을 매기기 어렵다. 이 때문에 함정 같은 어려운 문제가 몇 문항씩 나오는데 정답은 선생님의 말 속에 있으니 꼭 명심하자.

외고의 영어 시험은 조금만 쉬워도 만점자가 속출해서 고난이도의 문제나 다소 억지스러운 문제도 몇 개씩 나온다. 그러나 출제자의 의도까지 파악해 정답을 맞히는 아이가 꽤 있으니 고득점을 노린다면 다방면의 문제를 풀어보길 권한다.

○ 인터넷 강의

첫째는 부족한 과목이 있으면 인터넷 강의를 활용했다. 선생님을 선택할 때는 샘플 강의를 들어보고 본인과 잘 맞는 강사의 강의를 결제했다. 모든 과목을 수강하면 싼 가격으로 오랫동안 강의를 들을 수 있다고 하지만 딱 부족한 과목만 듣겠다며 잘라 말했다. 선택한 과목은 과학이었다. 첫째는 강의를 들으며 모르는 부분을 이메일로 강사에게 질문했다. 인터넷 강의 선생님들은 학교 선생님들 못지않게 꼼꼼하게 답변해주었다. 강의 사이트에서는 아이가 한 번도 수업을 미루지 않고 '완강'을 했다며 다음 학기 수강권을 선물로 주었다. 인터넷 강의 하나로 성적이 많이 올랐다. 부족한 과목은 골라 듣는 걸 추천한다. 무엇보다 스스로 해나가야 하는 교육이니 자기주도 학습을 굳건히 다질 수 있다.

○ 자기소개서

중·고등학교 자기소개서는 대학 입시에서 요구하는 자기소개서와 비슷하니 특목고 진학 여부와 상관없이 시간이 날 때 연습 삼아 써보는 걸 권장한다. 입시 요강을 꼼꼼히 살피고 자기소개서에 써야 할 것과 쓰지 말아야 할 것을 생각해야 한다. 문항당 스토리텔링을 충분히 해서 얼개를 잘 짜야 한다. 가장 중요한 건 진정성이다. 입시를 위해 급조된 진로나 경험은 면접에서 표가 난다. 면접관들은 몇 마디 짧은 대화만 나누어도 희망하는 분야에 관심을 두고 배경지식을 쌓아온 학생인지 아닌지 안다. 자기소개서에 이어 면접을 잘 보려면 꾸준한 독서와 토론으로 구술 능력을 향상시켜야 한다. 이것은 엄마표 영어의 또 다른 강점이다.

○ 토플

첫째는 학기 중에는 학교 생활에 충실하고, 방학 때는 디베이트나 MUN, 모의 법정 대회를 준비했다. 각각의 대회에서 1등을 하고 나니 시들해졌는지 토플에 도전하겠다고 팔을 걷어붙였다. 내신과 수능을 병행하는 상황에서 토플까지 공부하면 힘들 것 같아 말렸지만 도전해보겠다는 걸로 결론이 났다. 첫 시험 점수가 마음에 안 들었는지 몇 번 더 도전했다. 결국 고3 때 120점 만점에 119점을 받았다. 한 개 틀린 게 아쉬워 다시 하겠다는 걸 대학교 들어가서 하자고 겨우 말렸다.

참고문헌

1. 『크라센의 읽기 혁명』(스티븐 크라센 저, 조경숙 역 | 르네상스 | 2013.01.17)

2. 『하루 15분 책 읽어주기의 힘』(짐 트렐리즈, 신디 조지스 공저, 이문영 역 | 북라인 | 2020.12.01)

3. 『그릿 Grit』(앤절라 더크워스 저, 김미정 역 | 비즈니스북스 | 2019.02.20)

4. 『몰입 Think Hard!』(황농문 저 | 알에이치코리아 | 2007.12.10)

5. 『자녀의 미래를 바꾸는 6가지 부모력』(조미상 저 | 더메이커 | 2020.01.07)

6. 『콰이어트』(수전 케인 저, 김우열 역 | 알에이치코리아 | 2021.04.09.)

7. 『초예측』(오노 가즈모토 편, 유발 하라리 외 10명 공저 | 웅진지식하우스 | 2019.02.08)

8. 『아주 작은 습관의 힘』(제임스 클리어 저, 이한이 역 | 비즈니스북스 | 2019.02.26)

9. 『오십, 중용이 필요한 시간』(신정근 저 | 21세기북스 | 2019.12.11)

10. 『영어책 한 권 외워봤니?』(김민식 저 | 위즈덤하우스 | 2017.01.11)

11. 『푸름아빠의 아이 내면의 힘을 키우는 몰입독서』(최희수 저 | 푸른육아 | 2014.02.10)

12. 『성공하는 사람들의 7가지 습관』(스티븐 코비 저, 김경섭 역 | 김영사 | 2017.05.02)

13. 『엄마표 영어가 학원을 이긴다』(이정림 저 | 문예춘추사 | 2019.08.30)

14. 『아웃라이어』(말콤 글래드웰 저, 노정태 역, 최인철 감수 | 김영사 | 2019.04.29)

15. 『워런 버핏 바이블』(리처드 코너스, 워런 버핏 공저, 이건 역, 신진오 감수 | 에프엔미디어 | 2017.12.15)

16. 『영어책 읽기의 힘』(고광윤 저 | 길벗 | 2020.02.05)

17. 『현명한 투자자』(벤저민 그레이엄 저, 이건 역 | 국일증권경제연구소 | 2016.11.28)

18. 『영어 그림책의 기적』(전은주(꽃님에미) 저 | 북하우스 | 2017.04.10)

19. 『50, 우아한 근육』(이민숙 저 | 꿈의지도 | 2020.07.20)

20. 『다시, 초등 고전읽기 혁명』(송재환 저 | 글담 | 2018.05.01)

인터넷

○ <How young children learn English as another language> by Opal Dunn, educational consultant and author
(learnenglishkids.britishcouncil.org/helping-your-child/how-young-children-learn-english-another-language)
○ <on Language Acquisition> by Stephen Krashen
(youtu.be/NiTsduRreug)
○ <How to Learn any language in six months>
(www.youtube.com/watch?v=d0yGdNEWdn0)
○ <How to Gain Control of Your Free Time> by Laura VenderKam
(www.youtube.com/watch?v=n3kNlFMXslo)
○ <How to Learn any language easily> by Matthew Youlden
(https://www.youtube.com/watch?v=Yr_poW-KK1Q)

연령별 추천 도서 200

■ 0~5세

01

Brown Bear, Brown Bear What Do You See?

by Bill Martin Jr. / Eric Carle

유아 그림책의 슈퍼 베스트셀러. 여백과 콜라주 기법의 화려한 색채가 눈길을 끈다. 라임처럼 반복되는 문구, 다양한 동물, 의성어, 의태어, 색깔 이름을 자연스럽게 익힐 수 있다.

02

The Very Hungry Caterpillar

by Eric Carle

알에서 부화한 애벌레가 먹이를 먹고 자라나 나비가 되기까지의 과정을 그렸다. 애벌레가 요일마다 무슨 음식을 먹었는지 아이와 이야기를 나눌 수 있다.

03

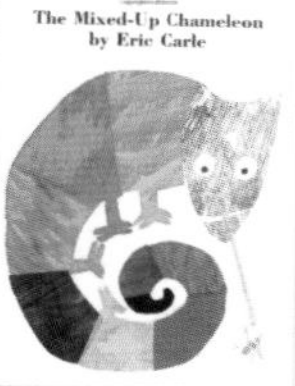

The Mixed-up Chameleon

by Eric Carle

다른 동물들의 멋진 점을 다 갖다 붙여 놓았지만 불편하기만 하다. 나다운 게 가장 좋은 거라는 걸 알게 해주는 그림책.

04 

Rosie's Walk

by Pat Hutchins

암탉과 여우, 두 주인공이 벌이는 유머 넘치는 에피소드는 여기저기에 등장하는 동물로 인해 더욱 풍성해지고 활기를 띤다.

05 

Polar Bear, Polar Bear What Do You Hear?

by Bill Martin Jr. / Eric Carle

동물 친구들은 어떤 소리를 낼까? 평소에 보기 어려운 동물들의 이름과 울음소리를 들어보자. 오디오 북과 함께 듣는 걸 권한다.

06 

Papa, Please Get The Moon For Me

by Eric Carle

달에 대한 지식과 감성을 따뜻하게 이끌어주는 책. 그림의 색채가 좋다. 아빠가 딸을 위해 달을 따러 긴 사다리를 갖고 올라가는 장면도 인상적이다.

07

Good Night, Gorilla

by Peggy Rathmann

이 책을 읽고 나면 아이는 자기 전에 집 안의 모든 사물에게 'Good Night' 인사를 할 거다. 개구쟁이 고릴라와 동물원 경비 아저씨의 따뜻함이 웃음을 띠게 한다.

08

Five Little Monkeys Jumping on The Bed

by Eileen Christelow

흥미롭게 뺄셈을 접할 수 있다. 자기 전에 침대에 인형 친구들을 초대해서 책을 읽으며 아이와 함께 역할 놀이하기에도 딱!

09

The Happy Day

by Ruth Crauss / Marc Simont

흑백의 단순한 겨울 숲 풍경이 차갑지 않고 오히려 따스하게 느껴진다. 겨울잠 자던 동물들이 코를 킁킁거리며 한 곳으로 달려간다. 무슨 일이 일어난 걸까?

10 

Peter's Chair

by Ezra Jack Keats

동생이 생긴 아이도, 부모도 공감할 이야기. 왜 내 걸 다 분홍색으로 칠하냐고요? 반항의 표시로 의자를 갖고 집 앞으로 가출한 아이가 귀엽다. 어라, 그런데 의자가 작아서 앉을 수가 없네. 나는 어느새 커버렸어요. 아빠와 함께 의자를 칠하며 동생에게 주는 모습이 제법 의젓한 오빠의 모습이다.

11 

The Wheels On The Bus

by Ladybird

오래전부터 전해져 내려오는 마더 구스. 차 탈 때, 잠들 때 노래로 불러주기 좋은 책.

12 

Faster, Faster! Nice and Slow!

by Nick Sharratt / Sue Heap

반대말을 재미나게 익힐 수 있다. 형용사의 반대말뿐 아니라 동사의 반대말도 익힐 수 있는 책.

13 

The Bad Seed

by Jory John / Pete Oswald

동네의 소문난 문제아 나쁜 씨앗. 하지 말라는 행동만 하고 다니지만, 나도 다 이유가 있다고. 고치려고 노력도 한다고.

14 

Harbor

by Donald Crews

간결하지만 글자와 그림의 통일감으로 힘이 느껴지는 책이다. 항구에 드나드는 다양한 배를 볼 수 있다.

15 

Elmer

by David Mckee

다른 코끼리처럼 회색이 되고 싶은 엘머는 자신만의 개성인 알록달록한 피부를 받아들일 수 있을까?

16 

The Foot Book

by Dr. Seuss's

발에 대해 이만큼 많은 표현을 담은 그림책이 있을까? 경쾌하고 짤막한 문장으로 리듬에 맞춰 많은 표현을 배울 수 있다.

17

John Patrick Norman McHennessy, The Boy Who Was Always Late

by John Burningham

악어와 사자를 만나서 늦었다고요. 왜 안 믿어 주시는 거죠? 사실인데 왜 반성문을 써야 하나요? 네? 선생님은 고릴라에게 붙잡혀서 지붕에 매달려 있다고요? 그걸 믿으라고요? 책을 읽으며 무한한 상상력의 세계로 빠져보자.

18 

Owl Babies

by Martin Waddell / Patrick Benson

새끼 올빼미들의 눈빛, 몸짓이 세밀한 펜 그림으로 묘사된 책. 엄마 올빼미는 어디 간 걸까? 빨리 돌아오기를 바라는 마음이 든다.

19 

The Carrot Seed

by Ruth Krauss / Crockett Johnson

씨앗을 심었는데 가족들은 응원해주지 않는다. 진지하게 싹트기를 기다리는 아이. 묵묵히 물을 주고, 잡초도 뽑는 모습이 기특하다. 결국, 싹이 나고 커다란 당근까지 자라나게 된다.

20 

Maisy Goes To The Playground

by Lucy Cousins

메이지 lift&flap 시리즈 중 하나. 놀이터 갈 때나 놀고 들어와서 한 번 펼쳐보기 좋다. 크고 진하게 쓰인 간단하고 쉬운 영어, 작가 특유의 굵은 윤곽선 처리는 이 책의 매력이다.

21 

Far Far Away!

by John Segal

엄마 돼지와 마트에 장을 보러 간 아기 돼지. 엄마 돼지가 갖고 싶은 물건을 사주지 않자 화가 난 나머지 가출을 결심한다. 그런데 챙겨야 할 게 이렇게 많다니.

22 

Love You Forever

by Robert Munsch / Antony Lewis

책에서 반복되는 'Love You Forever'라는 문장을 읽으면 마음 한구석이 뭉클해진다. 늙고 약한 어머니에게 어릴 때 들었던 자장가를 불러주는 아들. 집에 돌아와 자신의 아기에게 자장가를 불러주는 마지막 장면이 찡하다.

23 

Orange Pear Apple Bear

by Emily Gravett

Orange, Pear, Apple, Bear, There 다섯 단어만 나오는 책. 기발한 단어의 향연을 만끽해보자.

24 

I Used To Be Afraid

by Laura Vaccaro Seeger

꼭 소장하길 바라는 책이다. 내용도 좋고 시험에 자주 나오는 'used to+동사원형'을 볼 수 있다. 현지에서 많이 쓰이는 숙어이지만 우리에게는 익숙하지 않아 연습해보기 좋다. 책장을 넘길 때마다 대답하는 'But Not Anymore'는 아이들의 몫으로 돌리자.

25

The Escape Of Marvin the Ape

by Caralyn Buehner / Mark Buehner

동물원을 나온 고릴라 마빈은 변장을 한 뒤 미술관에 가고, 식당에서 밥도 시켜 먹는다. 마빈의 변장술은 완벽해서 경찰과 어른들은 그를 발견하지 못한다. 결국 자유를 찾은 마빈의 다음을 이어갈 동물은 누구일까?

26

Which Would you Rather Be?

by William Steig / Harry Bliss

한국인들이 취약한 'which'와 'or'의 표현을 아이들은 그림책을 통해 직관적으로 이해하고 대답할 것이다. 마법사 모자에서 나오는 것에 정신을 뺏기다가 마지막 반전을 놓치면 안 된다.

27

The Snowy Day

by Ezra Jack Keats

온 세상이 하얗게 눈으로 뒤덮였다. 신이 난 피터는 눈사람도 만들고 눈 천사도 만든다. 주머니에 눈을 잔뜩 넣고 집으로 돌아왔는데, 감쪽같이 사라졌다. 1963년 칼데콧상Caldecott Award 수상작. 흑인 소년이 주인공으로 등장한 최초의 그림책이다.

28 

No David!

by Dovid Shannon

미워할 수 없는 말썽꾸러기 데이비드. 동서양을 막론하고 어른들이 아이들에게 "안돼!"라는 말을 하는 건 공통점인 듯. 화병을 깨뜨리고 시무룩한 데이비드를 엄마가 안아주며 "널 가장 사랑한단다."라고 말해주자 데이비드의 감정이 사르륵 녹는다.

29 

When Sophie Gets Angry–Really Really Angry…

by Molly Bang

아이들의 화난 마음을 강렬한 색과 선으로 생생하게 표현했다. 빨간 입김, 화산이 폭발하는 장면, 나무에 올라가 느끼는 바람, 잔잔한 파도. 마음이 가라앉아 집으로 돌아올 때 느끼는 따뜻함을 함께 느껴보자.

30 

Little Blue and Little Yellow

by Leo Lionni

파랑이와 노랑이는 친한 친구다. 둘이 만나 초록이 될 때까지 신나게 놀다 집에 오는데 어른들이 파랑이와 노랑이를 몰라본다. 우정, 인종차별, 가족의 소중함에 대해 울림을 주는 책. 색의 혼합에 대해서도 알 수 있다.

31 

Up, Tall and High

by Ethan Long

단순하지만 스토리 구성이 알찬 책이다. up, tall, high의 미묘한 차이를 알 수 있어 세 개의 표현을 섞어 쓰는 아이들이 읽으면 좋다.

32 

If you Give a Mouse a Cookie

by Laura Numeroff / Felicia Bond

만약에 당신이 생쥐에게 쿠키를 준다면 어떤 일이 벌어질까? 착한 소년과 얄밉기도, 귀엽기도 한 생쥐의 재미있는 이야기가 펼쳐진다. 한국인이 헷갈려 하는 가정법 if를 즐겁고 자연스럽게 배울 수 있다.

33 

Freight Train

by Donald Crews

검은색 기차와 칸마다 다른 색의 화물차가 눈길을 끈다. 탈 것 좋아하는 아이들이 열광하는 책이다.

34 

It Looked Like Spilt Milk

by Charles Shaw

구름의 모양은 쉬지 않고 변한다. 때로는 토끼처럼, 케이크처럼, 다람쥐처럼. 아이의 눈에는 어떤 것으로 보일까? 파란색 도화지 한 장이면 아이와 무한정 엄마표 영어 놀이를 할 수 있다.

35 

Don't Forget the Bacon!

by Pat Hutchins

엄마의 심부름으로 베이컨을 사러 가는데 방해 요소가 왜 이리 많을까? 반복되는 라임, 재치 있는 상황 변화에 베이컨은 휘리릭 잊혀진다.

36 

Titch

by Pat Hutchins

어린 동생에게 누나와 형은 얼마나 큰 사람일까? 내가 가진 건 늘 작고 시시한 것 같다. 작은 씨앗을 화분에 심는데 반전이 일어난다. 티치의 표정 변화를 보시라.

37 

Spoon

by Amy Krouse Rosenthal / Scott Magoon

귀여운 캐릭터 Spoon. 친구들과 다르게 자기는 잘하는 게 별로 없어 슬프다. 하지만 자신만의 장점을 알게 되면서 자신감을 찾아간다. Dish와 사랑에 빠져 먼 나라로 도망간 할머니 얘기도 재밌다.

38 

Chopsticks

by Amy Krouse Rosenthal / Scott Magoon

항상 사용하는 젓가락을 이런 이야기로 접하니 신선하다. 늘 함께인 한 쌍의 젓가락 중 하나가 부러지자 다른 한 짝의 홀로서기가 시작된다.

39 

The Little Red Hen

by Paul Galdone

농사일이 힘들다고 눈곱만큼도 도와주지 않던 암탉의 친구들. 암탉이 힘들게 얻은 수확물로 맛있는 빵을 만들자 먹는 건 서로 먹겠다고 난리다. 결론은? 내가 만든 거니까 나만 먹을 거야. 일하지 않는 자 먹지도 말라.

40 

Harry the Dirty Dog

by Gene Zion / Margaret Bloy Graham

씻는 거 싫어하고, 밖에 나가 신나게 놀다 새까매져 돌아오는 강아지 해리의 모습이 우리 아이의 모습과 닮았다. 해리네 식구들은 모두 까매진 해리를 알아보지 못하는데… 해리는 어떻게 할까?

41 

Where's Spot?

by Eric Hill

저녁 먹을 시간인데 스팟은 어딘가에 숨어버렸다. 엄마가 찾는 곳마다 다른 친구들이 숨어 있네. 플랩북Flap Book의 시초인 이 책을 읽고 나면 아이가 어딘가에 꼭 숨어버린다.

42 

We're Going on a Bear Hunt

by Helen Oxenbury / Michael Rosen

20년 전에 들었는데 아직도 노래와 챈트Chant가 귓가에 생생하다. 가족이 곰 사냥을 떠난다. 당당하고 경쾌한 발걸음으로. 페이지마다 내용과 잘 맞는 의성어, 의태어도 재미있다. 동굴에서 진짜 곰을 만난 가족, 곰 사냥에 성공했을까?

43 

Have You Seen My Duckling?

by Nancy Tafuri

나비를 쫓아 둥지를 나온 새끼 오리를 엄마가 찾는다. 거북이, 비버, 뿔논병아리의 그림이 따스하고 친근하다. 페이지마다 숨어 있는 새끼 오리 찾는 재미도 놓치지 말자.

44 

My Dad

by Anthony Brown

앤서니 브라운의 책에서 다루는 아버지 모습과 다른 익살스럽고 친근감 있는 '아빠'가 등장한다. 아이의 눈에 비치는 아빠는 어떤 모습일까? 아이가 가장 소중하게 느끼는 것은 아빠는 나를 사랑하고 영원히 사랑할 거라는 믿음이다.

45 

Spring Is Here

by Taro Gomi

봄에 읽기 좋은 책. 간결하고 깔끔한 한 편의 시화를 보는 느낌이다. 송아지와 이제 막 날갯짓을 시작한 노랑나비, 고개를 빼꼼히 내민 새싹은 봄을 상징하면서 순수한 아이의 이미지가 떠오른다. 또다시 새봄을 맞이하는 송아지 머리에 뿔이 생겼네.

46 

Go Away, Big Green Monster!

by Ed Emberley

핼러윈에 읽어주기 딱 좋은 책. 'Go Away~'가 입에 찰싹 붙는다. 초록색 괴물의 모습이 완성되었다가 Go Away를 외치면 다시 눈, 코, 입이 하나씩 없어지는 구성. 신체와 색에 관한 영어를 배울 수 있다.

47 

Blue Sea

by Donald Crews

짧고 간결하지만 알찬 내용. 크기가 다른 물고기들을 통해 영어 단어의 기본형, 비교급, 최상급을 자연스럽게 익힐 수 있다.

48 

Don't Push the Button

by Bill Cotter

책을 한 장 한 장 넘길 때마다 등장하는 주인공의 유머러스한 제스처가 독자를 빵 터지게 만든다. 버튼이 보여도 누르지 말라고 하는데 더 누르고 싶어지는 마음은 뭘까.

49 

The Crocodile and the Dentist

by Taro Gomi

악어를 치료해야 하는 치과 선생님과 치과 치료를 무서워하는 악어. 둘 다 겁을 잔뜩 먹고 있다. 과연 치료를 무사히 끝낼 수 있을까? 작가의 유머가 깃든 기발한 착상이 돋보인다.

50 

Lemons Are Not Red

by Laura Vaccaro Seeger

이처럼 깔끔하고 강렬하게 상상력을 자극하는 컬러북이 있다니! 책장을 넘길 때마다 구멍 속의 그림과 색깔이 예쁘다.

■ 5~7세

01

You are Special

by Max Lucado / Sergio Martinez

아이의 자존감을 높여주는 그림책. 나무 사람인 펀치넬로를 통해 남의 시선이나 편견에 의해 나의 삶이 좌지우지되면 안 된다는 것, 내가 나를 어떻게 생각하는지가 중요하다는 걸 깨닫게 해준다.

02

I wish You More

by Amy Krouse Rosenthal / Tom Lichtenheld

소중한 우리 아이들에게 보내는 따뜻하고 다정한 소망 리스트. 앞으로 경험할 것들을 대비해 내면의 중요함을 알게 해준다.

03

The Little Mouse, the Red Ripe Strawberry, and the Big Hungry Bear

by Audrey Wood / Don Wood

곰으로부터 딸기를 사수하기 위한 생쥐의 표정과 행동이 생생하다. 끊임없이 말을 거는 너는 누구니? 결국, 생쥐의 딸기 반쪽은 네가 먹은 거니?

04 

Blackout

by John Rocco

그림과 스토리가 한 편의 영화 같다. 주인공은 정전이 된 집에서 이런저런 불편함을 겪는다. 옥상에 올라가니 반짝이는 별들, 그림자에 비친 가족의 모습. 정전은 그동안 보지 못했던 주변을 둘러볼 수 있게 해주는 시간이 되었다. 뉴욕시의 이국적인 밤 정취도 엿볼 수 있다.

05 

Dot

by Patricia Intriago

단순해 보이는 점 하나가 이렇게 다양한 모습을 드러낼 수 있다니 놀랍다. 행복한 점, 슬픈 점, 가는 점, 멈추는 점, 무거운 점, 가벼운 점을 보고 있노라면 미술관 나들이를 하고 온 기분이 들 것이다.

06 

School Bus Board Book

by Donald Crews

간결하고 명료한 그림체가 아이들의 눈길을 사로잡는 책이다. 노란색 스쿨버스가 하루 종일 어떤 일을 하는지 따라가보자.

07

Mr. Gumpy's Outing

by John Burningham

책의 왼쪽 페이지는 흑백 스케치, 오른쪽 페이지는 새로 등장하는 동물들을 따뜻한 색감으로 표현하고 있다. 검피 아저씨가 배를 끌고 나오자 동네 꼬마, 동물들이 배를 타고 싶어 물어보는 표현이 반복된다. 한바탕 소동이 일어나지만, 마지막에 다 함께 따뜻한 차를 마시는 장면이 평화롭다.

08

You Are Not Small

by Anna Kang / Christopher Weyant

내가 작은 게 아니라 네가 큰 거야. 크고 작은 건 상대적인 걸. 단순한 문장과 그림으로 이렇게 알게 해주다니 좋다. 쉽고, 재밌고, 생각할 거리도 주는 그림책.

09

Again!

by Emily Gravett

잠자리에서 읽기 좋은 책이다. 잠자기 전 책을 들고 와 끝없이 읽어달라는 아기 용과 피곤한 엄마 용. "Again!"을 외치는 아기 용에게 엄마 용은 책을 읽고 또 읽어주다 지쳐 잠든다. 화가 난 아기 용은 "Again!" 하면서 불을 내뿜는데, 과연 어떻게 됐을까? 이 책의 뒤표지가 유명한 이유는 여기에 있다.

10 

Where The Wild Things Are

by Maurice Sendak

모리스 샌닥은 그가 평생 고뇌한 주제를 그림책에 쏟아 넣었다. 어린 시절 누구나 겪는 두렵고, 무서운 것들과의 내면의 투쟁을 다룬다. 엄마에게 혼이 난 아이들은 나만의 상상의 세계로 가고 싶어 한다. 현실과 환상의 세계를 넘나들며 아이 스스로 마음도 풀리고 잘못도 깨닫는다. 돌아온 집은 여전히 따뜻하다.

11 

One Fine Day

by Nonny Hogrogian

아프리카에서 내려오는 이야기를 재구성한 작품. 목이 말라 남의 우유를 몰래 마신 여우는 꼬리를 싹둑 잘리게 된다. 새 우유를 가져오면 잘린 꼬리를 돌려주겠다고 해서 여우의 우유 가져오기 모험이 시작된다. 과연 여우는 꼬리를 되찾을 수 있을까?

12 

In The Night Kitchen

by Maurice Sendak

아이들에게 밤은 어른들의 간섭, 잔소리에서 벗어나는 시간이다. 꿈의 세계로 이동하면서 옷이 벗겨지고 발가벗은 미키가 부엌으로 떨어진다. 부모가 아이를 위해 가장 많이 있는 공간 부엌. 미키는 이곳에서 무엇을 할까? 상상 여행을 통해 자아를 찾고 성장하는 미키는 곧 우리 아이이기도 하다.

13

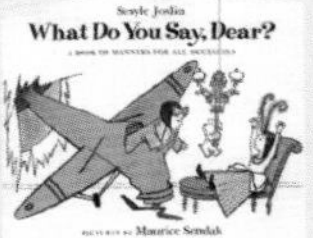

What Do You Say, Dear?

by Sesyle Joslin / Maurice Sendak

모리스 샌닥이 그림만 그린 책. 어린 남녀 주인공이 예상치 못한 이런저런 일을 겪을 때 무슨 말을 하면 좋을지 알게 해준다. 장면마다 아이들과 어떻게 말해야 할지 미리 상상해보는 것도 좋다.

14

The Library

by Sarah Stewart / David Small

다른 어떤 것보다 책을 사랑하는 소녀 엘리자베스. 책들이 거실 벽을 채우고 문도 막게 되자 그녀는 책을 마을에 기부하겠다고 사인한다. 엘리자베스가 살던 집은 도서관이 되고 마을에는 책을 손에 든 아이로 가득 찬다. 이런 도서관이 우리 동네에도 있었으면….

15 

Piggy Book

by Anthony Browne

책 표지만 봐도 작가가 무슨 말을 하려 할지 단번에 알 수 있다. 워킹맘인 엄마는 집에서도 쉴 수 없다. 아빠와 두 아들은 집안일을 함께 하지는 못할망정 밥 달라는 소리만 한다. 더는 참을 수 없던 엄마는 '너희들은 돼지야!' 라는 쪽지를 남겨놓고 집을 나가버린다. 웃지 않던 엄마, 마지막에는 미소를 띤다. 식구들은 달라진 모습을 보여줄까?

16 

Silly Billy

by Anthony Browne

걱정이 많은 빌리는 우리 아이들의 또 다른 모습이다. 빌리는 일어나지도 않은 많은 일을 걱정한다. 할머니 댁에서 자게 된 빌리는 걱정으로 잠을 못 자고 할머니에게 마음을 말한다. 할머니는 대신 걱정해줄 걱정 인형을 준다. 빌리는 걱정 인형을 또 걱정하다 좋은 생각을 한다. 빌리는 걱정하는 버릇이 없어졌을까?

17 

Petunia

by Roger Duvoisin

책을 가지고 다니면 지혜로워진다고 생각한 페튜니아. 책은 들고 다닌다고 똑똑해지지 않는단다. 어려운 상황에 부딪힌 친구들이 도움을 구하는데 페튜니아가 제시한 해결 방법은 더 곤란해지기만 할 뿐이다. 드디어 페튜니아는 책은 읽어야 한다는 걸 깨닫는다.

18 

Egg Drop

by Mini Grey

스푼의 작가 미니 그레이의 신선한 그림책. 날고 싶은 달걀, 떨어지는 줄도 모르고 하늘을 난다고 좋아한다. 달걀은 산산조각이 나고 만다. 조각난 달걀은 어떻게 됐을까?

19 

I Want A Cat

by Tony Ross

고양이를 기르고 싶지만 부모님은 항상 "안돼!"라고만 한다. 결국 제시는 자신이 고양이가 되기로 한다. 밤에 담벼락 위에 올라가 고양이 소리로 울부짖는 제시 때문에 이웃들은 제시의 부모님에게 고양이를 사주라고 한다. 제시는 고양이를 기를 수 있을까?

20 

The Dog Who Cried Wolf

by Keiko Kasza

개 모카는 주인과 함께 늑대에 관한 책을 읽다가 늑대가 되기 위해 집을 나온다. 모카는 달을 보며 늑대처럼 울부짖는데 진짜 늑대가 나타난다. 모카는 쏜살같이 집으로 뛰어간다. 놀란 모카의 표정이 압권이다.

21 

Sam & Dave Dig A Hole

by Mac Barnett / Jon Klassen

내 인생의 삽질. 샘과 데이브는 특별한 걸 찾기 위해 구덩이를 판다. 아무리 깊게 파도 특별한 게 나오지 않자 방향을 바꿔보기도 하고 각자 파기도 한다. 독자는 뭔가 발견할 수 있을 것 같은데. 구멍을 파다 지쳐 잠든 샘과 데이브. 개가 판 구멍 아래 어딘가로 떨어진다. 이곳은 어디일까? 열린 결말은 볼 때마다 다양한 생각을 하게 한다.

22 

Imogene's Antlers

by David Small

자고 일어났는데 주인공인 이모겐의 머리에 사슴뿔이 생겼다. 엄마는 바로 기절초풍! 그런데 이모겐은 즐겁기만 하다. 다음날 다행히 머리에 자란 사슴뿔은 사라졌지만, 또 다른 반전이 기다린다. 상상력을 자극하는 유쾌한 책.

23 Suddenly!: A Present Pig Stoty

by Colin McNaughton

큼지막이 쓰여 있는 'Suddenly!'가 나올 때마다 무슨 일이 생길까 궁금하다. 몰래 아기 돼지를 따라다니는 늑대. 아기 돼지를 덮치려 할 때마다 '갑자기' 일이 생겨 잡을 수 없게 된다. 아기 돼지는 안전한 엄마 품으로 돌아갈 수 있을까?

24 Clocks and More Clocks

by Pat Hutchins

같은 문장과 상황이 반복되어 시간의 표현을 자연스럽게 알게 된다. 주인공 허긴스 씨는 시간이 흐른다는 것을 모르나보다. 아래층에서 다락으로만 올라가면 1~2분씩 차이 나는 시계를 보고 뭔가 잘못되었다며 계속 새 시계를 산다. 결국 시계 수리공을 부르는 허긴스 씨. 그는 시계에 문제가 없다는 걸 알게 되었을까?

25 The Black Rabbit

by Philippa Leathers

어릴 때 그림자만 보고도 소스라치게 놀랄 때가 있지 않은가? 토끼는 자기 몸보다 더 큰 그림자를 보고 깜짝 놀라 떼어놓으려는데 그림자 덕분에 목숨을 구하는 일이 생긴다.

26 

Swimmy

by Leo Lionni

스위미는 작고 검은 물고기다. 아주 큰 물고기로부터 자기를 보호하기 위해 빨간 물고기 떼와 힘을 합친다. 이 위험으로부터 어떻게 헤쳐나갈 수 있을까? 지혜롭고 용감한 스위미. 서로 다름을 인정하고 존중하는 일은 언제나 중요하다는 걸 알려주는 책이다.

27 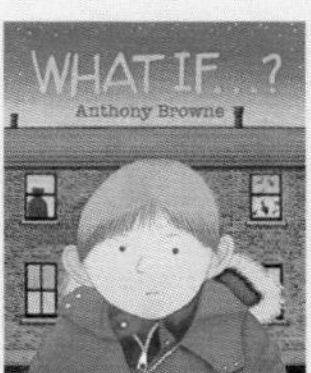

What If…?

by Anthony Browne

~하면 어떡하지? 일어나지 않은 일에 대해 걱정하는 표현이다. 한국 사람이 영어로 습득하기 어려운 표현. 생일 파티에 초대된 아이의 표정이 꽤 근심스럽다. 친구가 없으면 어떡하지? 무서운 동물이 있으면 어떡하지? 새 학년, 이사, 전학 처음 겪는 것에 대해 걱정하는 아이의 심리가 이럴 것이다. 아이는 행복하게 생일 파티를 즐겼을까?

28 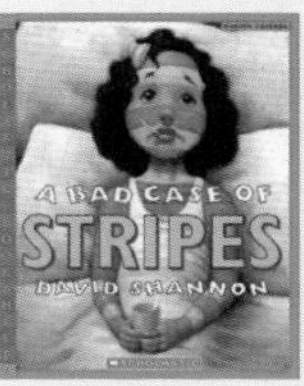

A Bad Case Of Stripes

by David Shannon

남의 시선에 신경을 쓰고 잘 보이고 싶어 하는 카밀라에게 개학 첫날부터 문제가 생긴다. 온몸에 무지개 줄무늬가 생긴 거다. 카밀라는 이

고통 속에서도 원하는 건 단 한 가지. 아이들이 다 싫어하는 콩을 먹고 싶은 거다. 그런데 남들과 다르고, 남들이 싫어하는 콩을 좋아한다는 것을 들키고 싶지 않다. 카밀라는 계속 이렇게 이상한 모습으로 남게 될까? 자기 자신이 남과 다르다는 것을 알고 자기 일을 스스로 결정하는 과정에서 아이들은 자란다.

29

Knuffle Bunny Free: An Unexpected Diversion

by Mo Willems

비행기에서 우는 아이에게 트릭시는 아끼는 토끼 모양의 애착 인형을 선뜻 내어준다. 인형 덕분에 아이는 울음을 그치게 되고 승객들도 시끄럽다고 얼굴 찌푸리지 않는다. 애착 인형과 헤어지는 것이 그리 절망적이거나 슬픈 것만은 아니구나…. 울던 아이에게 준 토끼 인형은 어떻게 될지 지켜보자.

30

My teacher is a Monster! (No, I'm not.)

by Peter Brown

교실에서 만나는 선생님은 쿵쾅거리고 큰소리로 혼내는 괴물이다. 내가 좋아하는 공원에 갔는데 하필이면 괴물 선생님과 만날 줄이야. 간신히 벤치에 앉긴 했는데 정적. 바람에 날려간 선생님 모자를 잡으러 다니다 둘은 친해진다. 내일은 왠지 학교에 빨리 가고 싶다.

31

The Rainbow Fish

by Marcus Pfister / J Alison James

초등학교 교과서 수록 작품. 내가 가진 것을 나눌 줄 알아야 진정한 행복도 찾아오는 법. 그러나 가장 아끼는 소중한 나의 일부를 쉽게 나누어 줄 수 있을까? 무지개 물고기는 반짝이는 비늘을 지닌 아름다운 물고기다. 그런데 잘난 척이 너무 심해 친구들과 멀어진다. 무지개 물고기는 외로움을 느끼고 어떻게 해결할 수 있을지 상담하러 문어를 찾아간다.

32

Lost and Found

by Oliver Jeffers

어느 날 소년 앞으로 찾아온 펭귄. 소년은 처음에 펭귄이 길을 잃었다lost고 생각해 남극에 데려다주기로 한다. 남극에 도착한 펭귄의 표정이 좋지 않다. 펭귄은 길을 잃은 게lost 아니라 소년을 발견했던found 것. 아이의 마음도 예쁘고 외로운 마음을 표현하지 못하는 펭귄도 안타깝다. 둘은 어떻게 됐을까?

33 

That Is Not a Good Idea!

by Mo Willems

찰리 채플린Charles Chaplin의 흑백 영화를 보는 듯한 픽처 프레임이 신선하다. 거위 아가씨, 다 계획이 있구나. 반전을 기대하시라.

34 

Is Everyone Ready For Fun?

by Jan Thomas

세 마리 소가 닭의 소파를 발견하고 뛰고 춤추고, 흔들면서 재미나게 논다. 소파 위에서 뛰지 말라고 하니까 대신 춤을 추는 소들이 천연덕스럽다. 춤도 안돼, 흔들어대지도 못해, 남은 건 이거 하나. 좋다, 좋아.

35 

Sitting Ducks

by Michael Bedard

무방비 상태를 영어로 표현하면 'Sitting Ducks'이다. 악어들이 운영하는 오리 공장. 알에서 깨어난 오리들은 마을로 보내져 마음껏 놀고 먹으며 살을 찌운다. 악어 먹이가 되는 것도 모르고. 컨베이어 벨트에서 떨어진 오리 알에서 새끼 오리가 태어난다. 새끼 오리를 발견한 악어는 몰래 집으로 데려간다. 이 둘 사이에 우정이 싹트는데….

36

I Want My Hat Back

by Jon Klassen

그림책은 항상 안전하고 평화롭게 끝나야 한다는 법칙을 깨버린 작가, 존 클라센. 잘못했으니 죗값을 치르는구나. 반전이 놀랍다.

37

Inside Mouse, Outside Mouse

by Lindsay Barrett George

세밀화로 그린 그림이 정겹다. 집 안에 사는 쥐와 집 밖에 사는 쥐. 집 안 모습과 바깥 풍경을 대비해서 보여주기 때문에 두 쥐의 다른 행동을 보는 것이 흥미롭다. 쥐의 움직임을 따라 읽다 보면 장소를 나타내는 어휘와 전치사를 익힐 수 있다.

38

The Pencil

by Allan Ahlberg / Bruce Ingman

잠자던 연필이 깨어나 무언가를 그리기 시작한다. 가장 먼저 소년을 그리고, 물감 붓을 그려내 색을 입힌다. 그런데 곧 위기가 찾아온다. 해결사이자 문제아인 지우개는 마지막 남은 연필도 지우려 한다. 연필은 이 위기를 어떻게 극복할 수 있을까?

39 

A Perfect Day

by Lane Smith

따뜻한 그림체의 책. 개, 고양이, 다람쥐 모두에게 완벽한 하루였을 수 있었는데 곰이 나타나 훼방을 놓는다. 완벽한 하루를 맞은 동물은 곰이겠지?

40 

My Lucky Day

by Keiko Kasza

여우에게 잡아먹힐 것 같은 새끼 돼지. 새끼 돼지의 잔꾀에 여우는 녹초가 된다. 여우의 표정이 압권.

41 

The Watermelon Seed

by Greg Pizzoli

수박을 아주아주 좋아하는 악어. 하루는 수박씨를 꿀꺽 삼키면서 오만가지 걱정을 한다. 내가 수박 색깔로 변하면 어떡하지? 씨가 자라서 배가 수박처럼 불어나면 어떡하지? 다행히 수박씨는 트림과 함께 튀어나온다. 걱정 끝.

42 

Tap the Magic Tree

by Christie Matheson

책을 두드리고, 문지르고, 흔들다 보면 어느새 나뭇잎이 생기고 벚꽃도 핀다.

43 

My Crayons Talk

by Patricia Hubbard / G. Brian Karas

오디오와 함께 듣기를. 12색의 크레용이 말을 한다. 와글와글, 재잘재잘. 아이들은 색깔을 보며 자신이 떠오르는 걸 말하기 바쁠 거다. 색이름, 다양한 동사를 배울 수 있다.

44 

Big Sister and Little Sister

by Charlotte Zolotow / Martha Alexander

자매가 있는 집이라면 꼭 읽어봐야 할 책. 색감이 따뜻하고 스토리 구성이 사실적이고 잔잔하다. 늘 동생을 돌봐주는 언니지만 동생은 가끔은 혼자 있고 싶다. 동생이 사라지고 언니는 동생을 찾다 눈물을 흘린다. 언니가 그랬던 것처럼 동생은 눈물을 닦으라고 손수건을 건네주고 안아준다.

45 

Baghead

by Jarrett J. Krosoczka

조쉬는 왜 온종일 봉투를 머리에 쓰고 다녔을까? 단지 재미로 하기엔 너무 오래 쓰고 있는데? 조쉬 동생은 조쉬가 왜 이런 봉투를 쓰고 다니는지 궁금해한다. 봉투를 쓰고 다니게 된 비밀이 밝혀지는데…. 누구나 한 번쯤은 겪는 일이라 공감하게 된다.

46 

Museum ABC

by The (NY) Metropolitan Museum of Art

apple, boat, cat 등 하나의 주제에 대해 이렇게 다양한 미술 작품을 감상할 수 있다니. 메트로폴리탄 미술관에서 소장하고 있는 그림들로 페이지가 구성되어 있다.

47 

Water Is Water: A Book About the Water Cycle

by Miranda Paul / Jason Chin

물은 어디에나 있다. 아이의 사계절 삶 속에서 물의 순환을 자연스레 보여준다. 책 속의 라임도 아름답다.

48 

Building A House

by Byron Barton

간단한 문장과 간결한 그림으로 집 짓는 과정을 군더더기 없이 보여준다. 한 장 한 장 페이지를 넘기면 같이 집을 짓는 느낌이 든다.

49 

The Paper Bag Princess

by Robert Munsch / Michael Martchenko

초등 국어 교과서에 수록된 책. 죽을 고비를 넘기며 지혜를 모아 왕자를 구하러 왔더니 이 왕자 하는 소리 좀 보게. 공주는 뒤도 돌아보지 않고 발길을 돌린다. 외모만 보지 않고 나의 내면과 내 모습 그대로 사랑하는 사람을 만날 수 있겠지?

50 

Leo the Late Bloomer

by Robert Kraus and Jose Aruego

할 때 되면 다 하게 돼 있다. 부모는 묵묵히 기다려야 하는 존재다. 알면서도 노심초사하는 게 부모 마음이긴 하지만. 마지막 문장에서 울컥한다. I made it. 레오가 스트레스도 많이 받았을 듯. 느긋이 기다려주는 레오 엄마 짱.

■ 저학년(초등학교 1~3학년)

01

The Flat Stanley Collection

by Jeff Brown

챕터북Chapter Book 입문용으로 추천. 납작해진 몸으로도 다른 사람에게 도움을 주며 자신의 단점을 극복해 나가는 이야기. 스탠리와 모험을 떠나보자.

02

Curious George and the Pizza Party

by H. A. Rey / Margret Rey / et al.

장난꾸러기 원숭이 조지. 짧고 쉬운 내용부터 글밥이 많고 어려운 수준까지 다양한 시리즈를 볼 수 있다. 호기심 많은 개구쟁이 원숭이 조지는 늘 한바탕 소동을 벌이지만 따뜻한 결말이 숨어 있다.

03

Dogs

by Emily Gravett

연필로 그린 일러스트에서 따뜻함을 느낄 수 있다. 이 책을 통해 다양한 종류의 강아지를 만날 수 있고, 그에 따른 다양한 표현도 익힐 수 있다.

04

Franny K. Stein

by Jim Benton

엽기 꼬마 과학자 프래니. 프래니가 만든 엽기적인 발명품과 흥미로운 실험이 어린이들의 마음을 사로잡는다.

05

I Would Like to Actually Keep It (Charlie and Lola)

by Grosset / Dunlap

찰리와 롤라 시리즈 중 하나. 어린이들의 일상을 유머러스하고 발랄한 상상력으로 엮어낸다. 주인공인 롤라는 누군가 잃어버린 토끼 인형을 줍게 된다. 인형의 주인을 찾으려 포스터도 붙이고 정성을 다해 잘 돌봐준다. 주인이 나타났지만 정들어 헤어지기 싫을 것 같다.

06

Eloise Has a Lesson

by Kay Thompson / Hilary Knight / et al.

순수하고 철없는 부잣집 아가씨 엘로이스. 호텔 펜트하우스에서 유모, 집사, 개인 운전사, 개인 교사, 웨이터와 벌이는 일들이 귀엽고 사랑스럽다. 여자아이들이 좋아한다

07 

Like Pickle Juice on a Cookie (Eleanor)

by Julie Sternberg / Matthew Cordell

9살 소녀 엘리너의 성장 이야기. 눈에 쏙쏙 들어오게 단락이 잘 나누어져 있어 읽기 편하다. 엘리너의 베이비시터가 떠나자 너무나 그립다. 새로운 학교생활도 시작되고 새로운 베이비시터도 온다. 엘리너는 새로운 환경에 잘 적응할 수 있을까?

08 

Seven Blind Mice

by Ed Young

앞이 보이지 않는 7마리 생쥐 앞에 위협적인 것이 나타났다. 부분만 만져보고 각자 다른 것으로 생각하는 쥐들. 서로 자기가 옳다고 주장을 하다 지혜로운 7번째 쥐가 끝에서 끝까지 달리며 전체를 보고 결론을 내린다.

09 

Madeline's Christmas

by Ludwig Bemelmans

매들린 시리즈는 그림도 예쁘고 내용도 좋다. 1950년대 파리의 기숙학교에는 12명의 아이가 함께 생활하고 있다. 매들린은 감기에 걸린 친구와 선생님, 양탄자 상인까지 간호하느라 바쁘다. 알고보니 양탄자 상인은 마법사였다. 이제 매들린 앞에 놀라운 마법이 펼쳐진다.

10

This Is Not My Hat

by Jon Klassen

미국의 칼데콧상Caldecott Award과 영국의 케이트 그린어웨이Kate Greenaway 문학상을 동시 수상한 작품. 작은 물고기는 큰 물고기의 모자를 슬쩍한다. 작은 물고기는 자신의 잘못을 알지만 변명을 하며 자기 합리화를 한다. 작은 물고기 뒤를 따라오는 큰 물고기의 눈을 보시라. 흠칫! 모자를 훔친 작은 물고기는 어떻게 됐을까?

11

Interrupting Chicken

by David Ezra Stein

아빠 닭이 아기 닭에게 잠자리 책을 읽어준다. 아빠 닭은 경고한다. "책을 읽는 걸 방해하면 그만 읽을 거야." 그러나 아기 닭은 아빠의 경고를 잊은 채 동화 속 주인공이 위기에 처할 때마다 안된다고 말하며 책 읽는 걸 방해한다. 아빠는 다른 책을 꺼내고 아기 닭은 중단하기를 반복. 결국 아빠 닭은 어떻게 했을까? 우리 집 풍경과 다를 바 없다.

12 

Extra Yarn

by Mac Barnett / Jon Klassen

애나벨이 줍게 된 박스에는 색색의 털실이 들어 있다. 이 털실로 옷을 계속 뜨고 또 떠도 실이 남는다. 덕분에 마을 사람들은 색색의 옷을 나눠 입게 된다. 어느 날 욕심쟁이 귀족이 나타나 애나벨의 털실을 훔친다. 부푼 마음으로 털실 상자를 열어보는데 이게 웬걸. 텅 비어 있다. 나눠야 채워지는 털실. 일러스트도 일품이다.

13 

The Biggest House in the World

by Leo Lionni

어린 달팽이는 세상에서 가장 큰 집을 지을 거라고 말한다. 현명한 아빠 달팽이는 큰 집을 지은 꼬마 달팽이의 이야기를 들려준다. 꼬마 달팽이는 큰 집을 짓는 데 성공했지만, 집이 무거워 꼼짝도 하지 못한다. 다른 달팽이들은 싱싱한 양배추 사이를 누비며 맛있게 갉아먹는데 꼬마 달팽이는 아무것도 못 먹는다. 꼬마 달팽이의 세상에서 가장 큰 집은 어떻게 됐을까?

14 

Supermarket Zoopermarket

by Nick Sharratt

슈퍼마켓에서 파는 식품과 동물들의 특징이 찰떡이다. 비스킷을 샀는데 꽥꽥 오리 소리가 들린다. 쥬퍼마켓Zoopermarket에는 크래커cracker 대신 꽥커스quackers가 있고, 라즈베리raspberry 아이스크림 대신 어흥베리roarsberry 아이스크림이 있다. 상상을 초월하는 어머어마한 말장난과 라임이 있는 재밌는 플랩북Flap Book이다.

15 

The Gruffalo

by Julia Donaldson

숲속을 산책하던 생쥐는 천적인 여우, 올빼미, 뱀을 만난다. 생쥐는 상상 속의 괴물 그루팔로와의 약속을 핑계로 동물들을 따돌린다. 그러다 진짜 그루팔로를 딱 마주치는데. 괴물을 묘사하는 생생한 표현에 주목하시라. 동물들이 생쥐를 볼 때마다 'It looked good~'라는 문장이 반복되어 '맛있겠다'는 표현을 자연스럽게 알 수 있다.

16 

Farmer Duck

by Martin Waddell / Helen Oxenbury

이 넓디넓은 밭에 왜 오리 한 마리만 일하고 있을까? 아하, 늙고 게으른 농부와 살고 있었군. 오리는 들판에서 소를 데려오고, 언덕에서 양을 데려오고, 종일 바쁘게 농장일을 하는데 농부는 침대에 누워 뒹굴뒹굴 게으름만 피운다. 일만 하는 오리가 불쌍해서 닭과 소와 양은 대책회의를 한다.

17 

A Squash and a Squeeze

by Julia Donaldson

'A Squash and a Squeeze'는 비좁은 공간, 무언가 꽉 차 있는 상태를 말하는 명사다. 작다, 크다의 여러 뉘앙스를 가진 표현이 다양하게 나온다. 할머니는 집이 좁다고 불평하며 지혜로운 사람에게 도와달라고 말한다. 불만 많은 사람이여. 이 책을 읽어보시라.

18 

Handa's Surprise

by Eileen Browne

주인공 한다가 친구에게 줄 과일을 머리에 이고 간다. 친구가 무슨 과일을 가장 좋아할지 궁금해하는 사이, 새들이 하나둘씩 과일을 가져간다. 그런데 염소 한 마리가 귤나무로 돌진하다 쾅 하고 박치기를 했다. 귤나무의 귤이 한다의 바구니에 와르르 떨어진다. 한다의 친구 아케요는 무슨 과일을 가장 좋아했을까?

19 

Henry And Mudge the First Book

by Cynthia Rylant / Suçie Stevenson

챕터북Chapter Book 시리즈 중 첫 번째 책. 헨리와 엄청 큰 강아지 머지가 만나게 된 날과 잃어버릴 뻔했던 에피소드를 담고 있다.

20 

Rhyming Dust Bunnies

by Jan Thomas

먼지가 주인공이라는 발상도 재밌고, 라임 게임을 하면서 자연스럽게 파닉스Phonics를 익히게 된다. 만화 같은 스토리 전개와 귀여운 캐릭터가 아이들을 사로잡는다. 마지막에 반전을 주목하시라.

21 

The Name Jar

by Yangsook Choi

뉴욕에서 활동하는 한국인 작가의 책. 낯선 땅, 낯선 학교, 낯선 친구들. 첫날부터 친구들은 은혜라는 이름을 발음하기 어렵다며 놀림거리가 됐다. 은혜는 Name Jar를 만든다. 은혜의 반 친구들은 새로운 이름을 지어주고 병 속에 이름을 넣으며 같이 고민해준다. 결국 은혜는 자신의 이름을 바꾸지 않고 그대로 쓰기로 한다. 다름을 인정하고 정체성을 지키려는 모습이 감동을 준다.

22 

The Tunnel

by Anthony Browne

성향이 반대인 현실 남매의 모습을 볼 수 있다. 오빠는 겁 많은 여동생 로즈를 놀리는 재미로 사는 것 같다. 매일 싸우는 남매에게 엄마는 화를 내며 밖에 나갔다가 점심때 사이좋게 돌아오라 한다. 두 남매는 밖에 나오게 되고 오빠는 터널 속을 탐험하러 들어간다. 겁 많은 로즈도 오빠를 따라 어쩔 수 없이 터널 속으로 들어간다. 마지막 페이지에는 터널을 통과한 후 달라진 남매의 그림을 볼 수 있다.

23 

Into the Forest

by Anthony Browne

부부는 전날 부부싸움을 했나 보다. 아이는 이미 눈치챘다. 다음 날 엄마는 할머니 댁에 다녀오라고 심부름을 보낸다. 숲속으로 들어가는 건 아이의 내면을 볼 수 있는 시간. 숲속에서 아이는 동화 속 주인공들을 만난다. 계속 불안의 연속이다. 아이의 불안감을 해소해주는 것은 무엇일까? 겨우 도착해서 만나게 된 할머니의 환한 미소다. 아빠도 그곳에 있었다. 집에 돌아오니 엄마도 환하게 미소를 지었다.

24 

Wolves

by Emily Gravett

책 속의 책도 제목이 늑대다. 토끼는 도서관에서 빌린 늑대 책을 읽으며 집으로 돌아간다. 책에 빠져 늑대가 쫓아오는 줄도 모르고. 늑대의 꼬리털을 밟으면서도, 늑대의 코 위를 걸으면서도 책 읽기를 멈추지 않는다. 토끼는 어떻게 됐을까? 책이 뜯어져 있는데. 반전이 숨겨져 있다.

25 

Sophie's Masterpiece: A Spider's Tale

by Eileen Spinelli / Jane Dyer

소피는 보통 거미가 아니다. 예술가다. 자신의 재능을 살리기 위해 독립한다. 그러나 현실은 거미를 싫어하는 사람으로 가득 찼다. 소피는 여기저기 도망치다 나이가 들고 다행히 어느 한곳에 머물게 된다. 출산을 앞둔 임산부는 소피에게 부드러운 미소를 보낸다. 소피는 죽기 전에 태어날 아기를 위해 황금빛 햇살, 달빛과 별빛, 향기로운 솔잎 조각, 어두움 몇 줄기, 오래된 자장가, 장난기 가득한 눈송이, 자신의 마음을 담아 세상에 단 하나뿐인 마지막 작품을 만든다.

■ 고학년(초등학교 4~6학년)

01 

How to Steal a Dog

by Barbara O'Connor

개를 훔치는 완벽한 방법. 11살 조지나의 삶은 불행하기만 하다. 아빠가 세상을 떠난 뒤 엄마와 함께 밤마다 낯선 장소에 가서 자고 병원이나 맥도날드에서 씻는 등 불안정한 생활을 하게 된다. 우연히 사례금 전단지를 보고 기상천외한 생각을 한다. 강아지를 훔친 뒤 주인에게 찾아낸 것처럼 돌려주고 사례금을 받는 것. 조지나는 이 계획을 성공시키고 가족과 다시 평범한 일상으로 돌아갈 수 있을까?

02 

Tooth Trouble (Ready, Freddy)

by Abby Klein / John Mckinley

주니 B. 존스를 살까 말까 고민하는 남자아이를 가진 부모들이 선택하는 챕터북Chapter Book 시리즈 Ready, Freddy. 초등학생 아이들의 에피소드가 유머 있게 전개되어 공감하며 읽기 좋은 책.

03

The Worry Website

by Jacqueline Wilson / Helen Lederer / et al.

스피디 선생님은 반 아이들이 Worry Website에 자신의 고민을 익명으로 털어놓을 수 있게 한다. 아이들은 각자 걱정거리를 말하고, 그에 대한 조언을 주고받으며 성장한다.

04

Scholastic Reader Level 2: Super Fly Guy

by Tedd Arnold

플라이 가이 시리즈는 미국 방송에 방영될 만큼 어린이들에게 인기가 높다. 플라이 가이는 버즈의 절친이다. 글도 읽을 줄 안다. 버즈의 학교를 따라가 수업도 곧잘 한다. 다음은 점심시간. 플라이 가이 때문에 급식소 직원은 해고를 당하게 된다. 파리를 아주아주 싫어하는 직원이 새로 들어오게 되는데, 플라이 가이는 이 상황을 어떻게 헤쳐나갈까?

05 

A Middle School Story

by James Patterson / Chris Grabenstein / Laura Park

작가 James Patterson은 여러 인기 시리즈물을 낸 작가이다. A middle school Story 시리즈는 학교 내 친구 관계, 각자의 고민, 일상생활의 일들을 아이의 시선에 맞춰 재미있게 풀어나간다.

06 

Stone Fox

by John Reynolds Gardiner / Greg Hargreaves

할아버지가 아침에 깨어나지 않는다. 연체된 세금 500달러 때문에 마음의 병이 생긴 것. 세금을 갚지 못하면 농장을 뺏기게 되는데 이를 안 주인공 윌리는 500달러를 마련하기 위해 개썰매 대회에 참가해 상금을 타기로 한다. 하지만 강력한 우승 후보가 있어 쉽지 않은 상황. 우승 후보의 이름은 Stone Fox. 마지막에 눈물 흘릴 각오하시라.

07 

Charlotte's Web

by E. B. White / Garth Williams

거미와 돼지의 우정. 1952년 출간된 후 전 세계적으로 지금껏 사랑받는 책이다. 죽게 될 운명에 처해 있다는 걸 알고 슬픔에 잠겨 있던 돼지 윌버 앞에 샬롯이라는 거미가 나타난다. 샬롯은 윌버를 살릴 기발한 아이디어를 내고 최선을 다한다.

08 

Frindle

by Andrew Clements / Brian Selznick

늘 똑같은 옷과 머리 스타일을 하고 사전을 사랑하는 엄격한 선생님의 숙제를 하던 중 닉은 pen을 Frindle이라 부르기 시작한다. 감당 못 할 정도까지 Frindle은 퍼져나가고 사전에 있지 않은 말은 쓰지 말라는 선생님과 아이들의 한판 대결이 시작된다. 누를수록 Frindle은 점점 퍼져나가고, 방송국에서까지 취재 나오고 Frindle은 상품화된다. 닉은 대학생이 되었고 새로운 사실을 알게 된다. 이 게임의 보이지 않는 승자는? 짧고 쉽고 재밌고 빠른 전개에 감동도 넘치는 책이다.

09 

The Secret Garden

by Frances Hodgson Burnett / Tasha Tudor

이기적이고 고집불통인 메리는 어느 날 갑자기 부모를 잃게 된다. 이 일로 고모부가 있는 영국으로 온 메리. 고모가 아끼고 가꾸던 정원을 'The Secret Garden'이라 부르며 긍정적인 하녀 마사, 딕컨과 함께 정원을 가꿔나간다. 정원을 보살피며 메리는 상처 입은 마음을 회복하고 성장하게 된다. 침상에 누워 죽을 날만 기다리던 콜린을 발견하고 살고자 하는 의욕을 일으키는 장면이 감동적이다.

10 

James and the Giant Peach

by Roald Dahl / Quentin Blake

판타지 세계로 복숭아를 가져와 학대받는 고아 소년 제임스. 곤충들이 복숭아 안에서 동고동락하며 펼치는 모험을 이렇게 잘 버무리다니 작가는 천재다. 아무것도 없이 모험을 떠나는 제임스를 위해 복숭아보다 더 완벽한 장치는 없다. 이 책에서 복숭아는 안전함, 말랑함, 달콤함, 배부름, 따뜻함이다.

11 

The Miraculous Journey of Edward Tulane

by Kate DiCamillo / Bagram Ibatoulline

에드워드는 고급스러운 도자기 토끼 인형이다. 만인의 사랑을 받지만 정작 자신은 아무도 사랑하지 않는다. 어느 날 에드워드는 바다에 빠지게 되고 고난의 여정이 시작된다. 수십 년간 세상을 떠돌다가 진정한 사랑을 깨닫게 되는 이야기.

12 

Matilda

by Roald Dahl / Quentin Blake

로알드 달의 작품에는 학대받는 아동, 고아가 주인공으로 나오지만 슬픈 스토리로 질질 끌지 않는다. 깜찍하고 똑똑한 초능력자 마틸다를 비롯한 다른 책의 주인공들은 판타지의 세계로 넘어가 모험을 만끽한다. 그리고 자신을 잘 이해해주고 사랑하는 어른을 만난다. 아이가 스스로 선택해서 자신의 권리를 찾는 이야기가 궁금하면 꼭 보길 바란다.

13

The Wizard of OZ

by L.Frank Baum

도로시와 양철 나무꾼, 겁쟁이 사자, 허수아비가 그려나가는 모험 이야기. 캐릭터들이 겪는 모험 속에서 희생, 긍정, 지혜, 친절 등 다양한 가치를 배울 수 있다.

14

Mary Poppins

by Dr. P. L.Travers / Mary Shepard

메리 포핀스는 동풍을 타고 벚나무 길 17번지로 가 그곳에 사는 쌍둥이 제인과 마이클을 만난다. 첫날부터 쌍둥이는 메리 포핀스에게 푹 빠지게 된다. 메리 포핀스의 가방에서 필요한 물건이 쑥쑥 나오고, 신기한 에피소드가 나날이 펼쳐진다.

15

Nate the Great

by Marjorie Weinman Sharmat / Marc Simont

꼬마탐정 네이트 시리즈 중 하나이다. 아침으로 팬케이크를 먹고 있다가 네이트는 잃어버린 그림을 찾아 달라는 친구 애니의 전화를 받는다. 그림을 찾기 위해 조사하고 질문하는 과정이 아이의 추리력이라고 단순하지 않고 꽤 날카롭고 흥미롭다. 컬러와 흑백으로 일러스트가 나뉘어져 있는데 이유가 있다. 색깔이 중요한 실마리니까.

16 

Dork Diaries

by Rachel Renee Russell

여자아이들 취향 저격 시리즈. 윔피키드가 장난꾸러기 남자아이 버전이라면 이 시리즈는 얄미운 여자아이들 버전이라고 할까? 이야기의 시작은 니키의 엄마가 일기를 선물한 그 날부터다. 사립학교로 전학 가면서 학교에 적응하며 겪는 또래의 고민이 필기체로 적혀 있어 진짜 일기를 보는 것 같다. 흡입력이 강한 책.

17 

Dog Man: From the Creator of Captain Underpants

by Dav Pilkey

경찰과 경찰견이 폭발 사고를 당한다. 머리를 다친 경찰과 몸을 다친 개를 수술해서 도그 맨이 탄생한다. 사건 사고에는 항상 도그 맨이 나타난다. 코믹북이고 칼라북이다. 200페이지가 넘는 제법 두꺼운 분량인데도 깔깔거리며 아이들은 가뿐하게 읽어 내릴 것이다. 왜? 재미있으니까.

18 

The One and Only Ivan

by Katherine Applegate / Patricia Castelao

짧고 간결한 문장이 차곡차곡 쌓여 마음을 울리는 이야기를 만들어낸다. 이반은 쇼핑몰에 사는 전시용 고릴라다. 친구의 유언을 지키기 위해 정성을 다하는 고릴라 이반. 아기 코끼리 루비를 지키기 위해 이반은 변하게 된다. 이반은 루비를 위해 어떤 아이디어를 낼까? 마지막에 'HOME'이라는 글자는 끝내 눈시울을 붉히게 만든다.

19 

Lily's Crossing

by Patricia Reilly Giff

엄마 없이 아빠 손에서 자란 릴리. 어느 날 아빠는 전쟁터로 나가고 릴리는 할머니와 여름을 보내게 되고, 헝가리에서 피난 온 소년 알버트를 만난다. 알버트의 부모는 나치에 저항하다 죽임을 당하고 함께 온 여동생마저 열병으로 헤어지게 되었다. 전쟁은 슬프지만, 그 와중에도 삶은 이어진다는 내용과 함께 둘 사이의 풋풋한 사랑과 우정을 엿볼 수 있다.

20 

The 130-Story Treehouse

by Andy Griffiths

나무집 시리즈는 13층부터 시작해서 13층씩 높아진다. 2015년 3월부터 시작해서 130층까지 나왔다. 나무집에는 없는 게 없다. 나만의 장소는 누구나 갖고 싶어 하는 법. 마법 같은 나무집에서 유쾌한 모험을 떠나보는 일은 꽤 즐겁다.

21 

The Wimpy Kid Do-It-Yourself Book

by Jeff Kinney

학교생활, 친구, 가족관계 등 아이들이 공감하는 일상의 에피소드가 일기 형식으로 나열되어 있으며 내용이 쉽고 재밌다. 아이들이 부담 없이 책을 만들어 볼 수 있도록 간단한 글쓰기가 가능하게 되어 있다. 삶 속에서 벌어지는 다양한 상황에 맞는 표현을 익히기에 좋은 책. 윔피키드 시리즈를 읽는 아이들은 한 번쯤 일기를 꼭 써야겠다는 마음이 들 것이다.

22 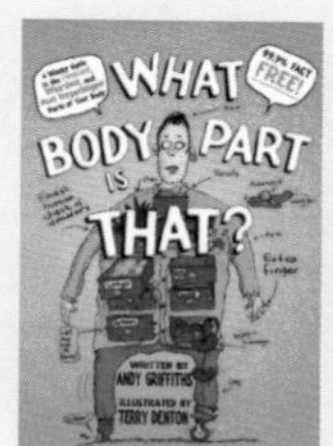

What Body Part Is That?: A Wacky Guide to the Funniest, Weirdest, and Most Disgustingest Parts of Your Body

by Andy Griffiths / Terry Denton

나무집 시리즈 작가답게 기발하고 재미있게 몸의 각 기관을 상세히 그려놨다. 몸의 기관들이 하는 일을 적은 깨알 같은 설명을 읽고 있노라면 웃음이 빵빵 터진다. 설명 중 99%는 거짓이라고 하는데… 입은 케이크를 먹기 위한 구멍이라는 설명은 1%의 진실인 것 같다.

23 

26 Fairmount Avenue

by Tomie dePaola

26 Fairmount Avenue는 토미네 가족이 새로 집을 짓기로 한 주소다. 1938년 토미네 가족은 올해가 엄청 바쁜 해가 될 거라는 생각을 한다. 집이 완성되는 과정에서 토미와 가족들에게 갖가지 사건이 벌어진다. 30년대 이민자의 삶이 어린아이의 시선으로 그려진다.

24 

Flora and Ulysses: The Illuminated Adventures

by Kate DiCamillo / K. G. Campbell

플로라는 부모님의 이혼으로 반항심도 갖고 있고 스스로 까칠하다고 생각한다. 플로라는 책을 읽다 옆집 아줌마가 다람쥐 한 마리를 진공청소기로 빨아들이는 모습을 보게 된다. 다람쥐를 구해준 플로라는 다람쥐를 율리시스라고 부른다. 플로라는 초능력을 가진 율리시스와 여러 일을 겪으면서 부모의 오해도 풀고 사람들과 만남을 통해 따뜻한 마음을 지니게 된다.

25 

The Wednesday Wars

by Gary D. Schmidt

종교 수업이 있는 매주 수요일, 유일한 장로교인 홀링은 수업을 받으러 갈 교회가 없어 담임선생님과 단둘이 시간을 보내야 한다. 어느 날 선생님이 셰익스피어의 책을 한 권 주면서 독후감을 쓰라고 한다. 선생님이 나를 말려 죽이려나 보다. 마음대로 될 줄 알아? 전쟁이라고 생각하고 복수심에 멋대로 감상문을 써내는데…. 헉. 왜 자꾸 셰익스피어가 끼어들지? 뭔가 욕하고 감정 섞인 말을 하고 싶을 때마다 왜 자꾸 셰익스피어의 멋진 말이 튀어나오냐고? 이 책을 읽고 나면 셰익스피어의 고전을 꼭 읽고 싶어질 것이다.

■ 중고등

*국제중, 외고에서 교재로 선택하거나 추천 도서로 채택된 것을 위주로 선정했습니다.

01

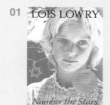

Number the Stars

by Lois Lowry

주인공 안네 마리는 덴마크에 사는 열 살 소녀다. 나치군이 덴마크를 점령하자 안네 가족은 유대인 친구 엘렌 가족을 스웨덴으로 탈출시키는 일을 돕게 된다. 안네 마리는 엘렌이 탈출에 필요한 비밀 꾸러미를 놓고 갔다는 것을 알게 되고 급히 배로 뛰어간다. 깜깜한 밤에 총을 든 독일군과 마주친 안네, 다행히 위기를 넘기고 탈출을 돕는 삼촌에게 꾸러미를 건넨다. 꾸러미 속에 감춰진 건 무엇이었을까? 용감함이란 해야 할 일만 생각하는 것이지 얼마나 무서운지를 생각하는 것이 아니다.

02

Neil Gaiman: The Graveyard Book

by Dave McKean Neil Gaiman

오싹하지만 가슴 한쪽이 따뜻해지는 공포 성장소설. 암살자에게 일가족이 살해당하고 유일하게 생존한 아기만 근처 공동묘지로 아장아장 걸어간다. 아기 때문에 공동묘지가 발칵 뒤집혔다. 살아 있는 아기를 어떻게 해야 할까? 아이에게 노바디란 이름을 붙여주고 묘지 엄마가 생긴다. 묘지 능력의 특권을 받아 초능력도 생긴다. 노바디에게 묘지는 안전한 집, 묘지 밖 살아 있는 사람들의 세상은 위험한 곳이 되었다. 그러던 어느 날 묘지의 금기를 깨고 바깥세상에 나갔다가 암살자와 마주치게 된다. 묘지 엄마는 아이에게 말한다. 안전한 이곳을 떠나 세상에 나가서 고통에 맞서고 이겨내며 다양한 기회를 즐기라고.

03

Skellig

by David Almond

마이클은 무너질 것 같은 낡은 집으로 이사 온 다음 날, 차고에서 '그'를 봤다. 거미줄과 먼지 범벅, 파리들이 날아다니고 쓰레기 더미에 널브러진 술병. 차고에 있는 그를 무서워하면서도 발길을 끊지 못하는 마이클. 미숙아로 태어나서 계속 병원을 오가는 마이클의 여동생 돌보듯 그를 보살핀다. 스켈리그는 정체를 알 수 없는 이 남자의 이름이다. 옆집에 이사 온 미나와 친구가 되어 둘이 그를 돌보며 비밀을 공유하게 된다. 세상에 존재하는 아름다운 모습은 보는 자의 마음에 달렸다. 마이클은 스켈리그의 날개를 보았다.

04 

The Giver

by Lois Lowry

인간의 감정, 가족, 색깔까지 모든 게 통제된 미래 사회. 이곳은 오로지 '기억전달자'만이 사회의 기억과 역사를 이어받을 수 있다. 평화와 행복을 위한 완벽한 통제라는 게 존재할 수 있을까? 고통 없는 세상은 과연 행복할까? 조나스는 기억전달자라는 직업을 부여받게 되면서 자의식에 눈을 뜨게 된다.

05 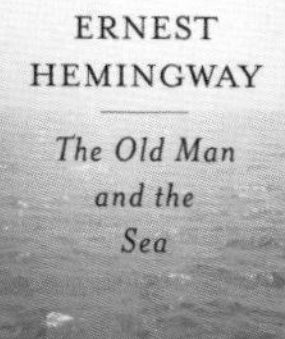

The Old Man and the Sea

by Ernest Hemingway

산티아고 노인은 84일 동안 고기를 잡지 못하다 먼 바다로 나가고, 이틀 밤낮으로 청새치 한 마리와 사투를 벌이게 된다. 온몸으로 낚싯줄을 당기며 밤낮을 버티다 3일 만에 청새치를 잡는다. 청새치를 배에 묶고 귀항하는데 그만 상어에게 청새치를 먹이로 주게 된다. 84일의 시련은 누구에게나 있다. 파멸할 수 있을지 몰라도 패배할 수 없다는 노인의 말이 깊은 울림을 준다.

06 

To Kill a Mockingbird

by Harper Lee

성경 다음으로 인류가 많이 읽은 스테디셀러. 1930년대 흑백갈등을 다루고 있다. 억울하게 강간범으로 몰린 흑인을 변호하기 위해 나선 아버지를 지켜보는 딸의 이야기. 아빠와 오빠에 대한 애정, 이웃 주민들에 대한 솔직한 평가와 그리움이 느껴진다. 앵무새 죽이기란 사람들에게 해를 끼치지 않는 새를 죽이지 말아야 한다는 뜻.

07 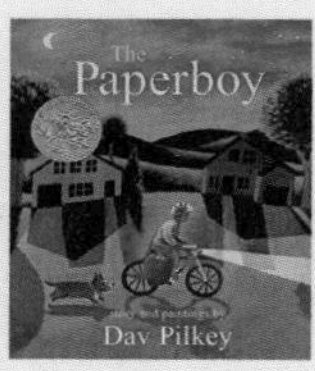

The Paperboy

by Dav Pilkey

지금은 좀 생소한 신문 배달 소년 이야기. 미국에서 신문 배달 소년은 자립심, 생애 최초 첫 사회에 대한 도전 같은 긍정적 이미지를 담고 있다. 달빛도 사라지지 않은 고요한 새벽, 소년은 눈을 뜬다. 식구들이 깰까 봐 까치발로 살금살금 부엌으로 가 시리얼을 먹고 차고에 가서 신문 배달차가 두고 간 신문을 정리해 자전거에 챙긴다. 새벽의 찬 공기를 맞으며 신문을 돌린다. 모두가 잠든 시간, 나에게는 가장 행복한 시간이다. 서정적이고 아름다운 이 글의 작가는 웃겨서 까르르 넘어가는 《Dog Man》을 쓴 Dav Pilkey.

08 

The Maze Runner

by James Dashner

토마스가 깨어난 곳은 캄캄한 미로. 그야말로 나는 누구? 여긴 어디? 이름 이외에 기억나는 것은 아무것도 없다. 역시 이유도 모른 채 어둠으로 던져진 토마스와 같은 무리의 소년들이 있다. 현실을 탈출하기 위해서는 부딪치는 수밖에 없다. 그 속에서 그들의 삶의 규칙과 법이 만들어진다. 미로 너머의 세계로 탈출하는 건 성공할 수 있을까? 빠른 전개와 드러나는 충격적인 진실, 반전에 반전을 거듭하는 스토리는 손에 땀을 쥐게 한다.

09 

Tom's Midnight Garden

by Philippa Pearce / Jaime Zollars

판타지의 고전. 동생이 홍역에 걸리는 바람에 톰은 이모 집에서 여름방학을 보내게 된다. 마당도 없는 다세대주택의 2층. 따분하고 심심한 날들이 이어지다 어느 날 밤 괘종시계가 13번을 치는 걸 알아차린다. 톰은 뒷문 위 창에서 빛이 들어오는 것을 보고 문을 살짝 열어본다. 낮에는 분명히 쓰레기통과 주차된 차가 있는 공간이었는데 그곳에 정원이 생겼다. 모두의 시간과 나만의 시간, 영원히 멈춘 시간과 영원히 움직이는 시간이 아이의 심리 변화를 따라가면서 이야기는 흥미롭게 펼쳐진다. 괘종시계는 자연의 시간(현실 공간)과 마음의 시간(판타지 공간)을 넘나들게 해주는 도구다.

10

Caleb's Story

by Patricia MacLachlan

캐렙의 성장 소설. 어느 날 헛간에 노인이 나타난다. 사라졌던 할아버지. 아버지는 긴 세월 동안 연락 한번 없었던 할아버지를 용서하지 않는다. 이들의 어색한 동거가 시작되고, 할아버지가 문맹이라는 걸 알게 된 캐렙은 아버지와 할아버지의 화해를 위해 글을 가르친다. 그래도 마음의 문을 굳게 닫은 아버지. 할아버지와 아버지는 오해를 풀고 화해할 수 있을까?

11

The Great Gilly Hopkins

by Katherine Paterson

세 살 때 친엄마에게 버려진 길리 홉킨스는 이삿짐처럼 위탁 가정을 전전하며 살아가는 상처 많은 11살 소녀다. 늘 욕을 하고 껌을 짝짝 씹고 겉으로는 센 척하지만, 또 버려질지도 모른다는 두려움이 마음속에 가득하다. 그러다가 길리를 진정 사랑하고 기다려주는 위탁 가정을 만나 조금씩 마음의 문을 열고, 그토록 그리워하던 친엄마도 만나게 된다. 길리와 엄마는 행복하게 살 수 있을까?

12 

Shiloh

by Phyllis Reynolds Naylor

주인공 마티는 길에서 우연히 비글 종의 개를 발견한다. 주눅 들어 있는 개를 위해 부모님 몰래 은신처를 마련해주고 샤일로라는 이름까지 붙여준다. 알고 보니 샤일로의 주인은 술주정뱅이에 개를 학대하기로 유명한 이웃 쥬드. 마티는 샤일로를 지키기 위해 수모와 위험을 당하면서도 인내한다. 마티와 샤일로의 관계를 통해 책임감, 조건 없는 사랑, 생명 존중, 인내를 생각하게 한다.

13 

The Little Prince

by Antoine de Saint-Exupéry / Richard Howard

어린 왕자는 일곱 번째 별인 지구별에 도착해 여우를 만난다. 여우는 정말 중요한 건 눈에 보이지 않아. 마음으로 볼 수 있다고 말한다. 누구에게나 자기만의 별이 있다. 각자의 이유로 그 별은 행복을 줄 수 있지만 길들임, 사랑, 우정, 믿음처럼 보이지 않지만 소중한 것들은 마음으로 봐야 한다. 어린 왕자가 지구에 떨어진 지 일 년이 되는 날, 자기 별에 두고 온 장미꽃을 책임지기 위해 돌아가려 한다. 눈에 보이는 건 껍질뿐이야. 가장 중요한 건 눈에 보이지 않는 거냐고 하며 어린 왕자는 쓰러진다.

14

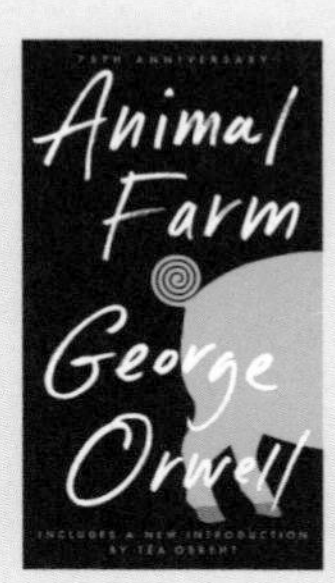

Animal Farm

by George Orwell

착취와 억압을 일삼는 인간에 대항해 동물들이 반란을 일으켜 평등한 사회를 건설하려 한다. 생산한 물품을 빼앗기지 않고 균등히 분배함으로써 동물들은 환호한다. 그러나 이 낙원은 변질되어 간다. 돼지들의 수장 나폴레옹은 가장 먼저 똑똑한 돼지 스노볼을 죽인다. 선동전문가 스퀼러를 이용해 교묘하게 뒤집기, 덮어씌우기, 협박, 회유를 반복하고 충성을 강요하며 규정도 자꾸 바꾼다. 희생되는 건 믿고 따르던 동물뿐이다.

15 

Harry Potter and the Sorcerer's Stone

by J. K. Rowling

해리포터는 부모를 잃고 이모네 가족에게 수모와 멸시를 당하며 계단 밑에 산다. 11살 생일을 맞이하여 해리에게 호그와트 마법학교에서 보낸 입학 초대장이 배달된다. 자신이 엄청난 능력을 가진 마법사라는 걸 알게 된 해리는 호그와트에 입학하며 스릴 넘치는 모험이 펼쳐진다.

16 

The Hunger Games

by Suzanne Collins

독재체제의 판엠은 12구역으로 나누어 사회를 지배한다. 판엠의 중심부엔 캐피톨이라는 이름의 수도가 있고 모든 게 이곳에 집중되어 있다. 캐피톨은 반란을 억누르고 지배하는 방법으로 12개 구역에서 각기 두 명씩 십 대 소년과 소녀를 추첨으로 뽑은 후 한 명만 살아남을 때까지 서로 죽고 죽이게 하는 게임을 생중계한다. 어린 나이에 가장이 되어 가족을 돌보던 주인공 켓니스. 동생을 대신해 헝거 게임에 참가하기로 마음먹는다. 24명의 죽고 죽이는 생존 게임이 시작된다.

17 

Little Women

by Louisa May Alcott

마치 씨 집에는 개성이 다른 네 자매가 살고 있다. 아버지가 참전 중이던 때 메그, 조, 베스, 에이미는 어려운 환경을 견디며 타인에게 베푸는 삶을 살아간다. 네 자매가 성장하며 겪는 에피소드들이 재미와 감동을 준다.

18 

Hope For The Flowers

by Trina Paulus

미래를 꿈꾸는 애벌레와 무작정 남들 하는 대로 따라 살아가는 두 애벌레의 이야기. 남들을 짓밟고 정상에 올라갔지만, 나비가 될 수는 없었다. 절망에 빠진 애벌레는 노랑나비가 된 애벌레에게 묻는다. "어떻게 나비가 될 수 있나요?" 나비는 한 마리 애벌레의 상태를 기꺼이 포기할 수 있을 만큼 절실히 날기를 원할 때 가능한 일이라고 말한다. 애벌레는 인내와 고통의 과정을 견뎌내며 호랑나비가 되고 비로소 나만의 자유를 누리게 된다.

19

The Watsons Go to Birmingham–1963

by Christopher Paul Curtis

1963년 버밍햄에서 발생한 흑인 교회 폭탄 테러 사건을 바탕으로 쓴 Faction(Fact+Fiction)이다. 책의 초반에는 아프리카 미국인인 왓슨 가족의 생활과 인종 차별이라는 무거운 주제를 코믹하게 풀어나가지만 후반으로 갈수록 주제 의식이 드러난다. 큰 사건을 겪고 슬픔을 가족애로 극복하며 희생된 무고한 어린 생명에 대해 슬퍼한다.

20

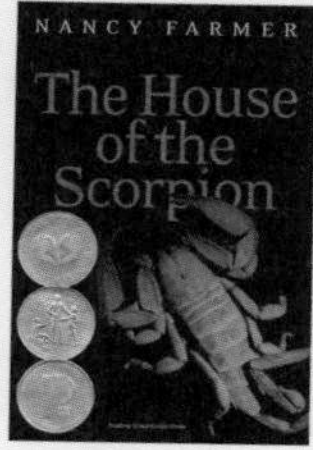

The House of the Scorpion

by Nancy Farmer

대학 면접, 모의고사에 자주 등장하는 도서로 복제 인간의 윤리적 문제를 다루고 있다.
주인공 마트는 마약상 엘 파트론의 영생을 위한 9번째 클론으로 태어난다. 엘 파트론이 죽고 마트는 자신의 정체성을 깨닫게 되며 목숨을 건 도주를 감행한다.

21 

Double Identity

by Margaret Peterson Haddix

자신이 복제 인간일지도 모른다는 충격적인 사실에 직면한 열네 살 소녀 베서니의 정체성 혼란과 극복을 다룬 청소년 소설.

22 

Starters

by Lissa Price

치명적인 생물학 폭탄이 미국을 강타한다. 인류는 백신주사를 맞아 운 좋게 살아남은 노인 그룹 '앤더즈'와 10대 이하로 구성된 '스타터즈'로 나누어 살게 된다. 기득권층인 앤더즈는 미성년자를 가난하게 만들어 생존을 위협한다. 스타터즈인 칼라는 병에 걸린 남동생을 치료하기 위해 자신의 건강을 앤더즈에게 빌려주기로 결심한다.

23 

The Shakespeare Stealer

by Gary Blackwood

셰익스피어 스파이. 영국에 살았던 고아 소년 위지의 모험과 극단을 둘러싼 음모를 그린 소설. 위지는 셰익스피어의 대본을 훔치려는 주인의 협박과 위협을 잘 극복할 수 있을까?

24 

Anne of Green Gables

by Lucy Maud Montgomery

영화나 애니메이션이 아닌 책으로 앤의 수다를 즐기자. 아마 정신이 쏙 빠질 것이다.
고아 소녀 앤은 우여곡절 끝에 무뚝뚝한 매슈와 마릴라 남매에게 입양된다. 천방지축 앤은 겉으로는 엄격하지만 속으로는 그녀를 끔찍이 생각하는 남매의 사랑을 받으며 초록 지붕 집에서 행복하게 성장한다.

25 

Holes

by Louis Sachar

세 개의 이야기가 따로 또 같이 연결되어 있다. 주인공 스탠리와 가족은 항상 잘못된 시간에 잘못된 장소에 있었던 탓에 불운이 닥쳐왔다고 생각한다. 하지만 벌로 파야 했던 구덩이 덕분에 불운이라고 생각했던 것이 행운이 될 수도 있다는 사실을 깨닫게 된다.

26

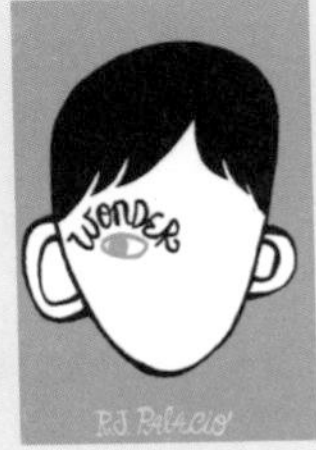

Wonder

by R. J. Palacio

선천성 안면 기형 장애를 갖고 태어나 27번이나 수술을 받은 어거스트. 열 살이 되면서 학교에 가게 된다. 책에 나오는 인물들이 돌아가며 일기를 쓰는 방식으로 쓰여 있다. 세상의 편견과 차별에 맞서 진정한 가치가 무엇인지 돌아보게 된다.

27

The Chronicles of Narnia

by C.S. Lewis and Pauline Baynes

나니아 연대기. 일곱 편의 모험담을 연대순으로 배열하였다. 각 편의 모험담은 독립적이면서 유기적인 관계를 유지하고 있다. 완벽한 판타지 세계관을 구축하고 있으며 탄탄한 스토리와 생생한 캐릭터, 박진감 넘치는 사건들은 독자들을 빠져들게 한다.

28

Lord of the Flies

by William Golding

노벨 문학상을 탄 파리 대왕. 2차 세계대전, 피난 행렬을 이어가던 어린 소년들이 비행기를 타고 가다 무인도에 표류하게 된다. 순수한 영혼의 소년들이 무인도에서 무슨 일을 벌이겠냐고 생각한다면 오산. 살기 위한 인간의 본성을 적나라하게 볼 수 있다.

29 

The Hobbit

by J. R. R. Tolkien

판타지 문학계의 거장 J.R.R. 톨킨이 쓴 위대한 대서사시, 《반지의 제왕The Lord of the Rings》 서막에 해당하는 이야기로 호빗은 가운데 땅 시리즈의 첫 작품이다.

호빗은 난쟁이보다 키가 작고 마법을 쓸 줄 모르는 종족이다. 그들은 턱수염이 나지 않는 대신 발바닥에는 수북한 털이 자라나 있다. 겁이 많고 귀가 밝아 소리를 듣고 재빠르게 사라지는 재주가 있다. 모험을 좋아하지 않는 호빗 빌보는 어느 날 불쑥 찾아온 마법사 간달프에 의해 열세 명의 난쟁이와 위험하고도 유쾌한 모험을 시작하게 된다.

30 

The Outsiders

by S. E. Hinton

부자들이 모여 사는 웨스트 사이드West Side에는 Socs라는 갱 집단이 있다. 가난한 사람이 모여 사는 이스트 사이드East Side에는 가난한 사람들이 살고 여기에는 Greasers라는 갱 집단이 있다. 경제력이 계급이 된 사회. 주인공 포니 보이는 Greasers에 속한 감수성 풍부한 문학 소년이다. 포니 보이와 불만 가득 불량한 친구 쟈니는 Socs에게 집단 린치를 당하게 되고, 우발적으로 살인을 저질러 쫓기는 신세가 된다. 그 와중에 포니는 계속 자니에게 문학적 감성을 불어넣는다. 결국 자니는 죽게 되고 포니는 우연히 책갈피에서 자니가 쓴 글을 발견한다. Stay Gold.

31 

The Twilight Saga #1: twilight

by Stephenie Meyer

평범한 고등학생 소녀 벨라와 잘생긴 뱀파이어 에드워드와의 이룰 수 없는 사랑을 그린 시리즈 도서 중 첫 번째 책이다. 10대들이 열광하는 내용으로 인기가 높다.

32 

Wicked

by Gregory Maguire

그레고리 맥과이어는 《오즈의 마법사The Wonderful Wizard of Oz》의 주인공 도로시가 수동적인 인물이라 생각했고, 새로운 여성 주인공을 설정해 프리퀄 격인 《위키드Wicked》를 썼다. 이 책은 사악한 서쪽 마녀 엘파바를 중심으로 전개되는 판타지 소설이며 악당으로만 여겨진 마녀의 일생을 들여다보면 연민이 느껴진다.

33 

Whittington

by Alan Armstrong

이 책은 실존 인물인 휘팅턴의 이야기를 다루고 있다. 휘팅턴은 가난을 넘어 위대한 상인으로 성장했고 끊임없이 자선사업을 이어갔으며 런던 시장을 세 번이나 역임한 사람이다.
이 작품은 떠돌이 고양이를 주인공으로 세우고 고양이의 입을 빌려 모험담을 풀어나가고 있다. 어렸을 적 자신이 입은 은혜를 잊지 않고 베푸는 삶을 실천한 휘팅턴의 선행은 오늘날까지 가슴에 큰 울림을 남기고 있다.

34 

Hatchet

by Gary Paulsen

주인공 브라이언은 아무도 없는 오지에서 두 달 동안 혼자 살아간다. 손에 쥐어진 도구라고는 손도끼 하나. 곱게 자란 어린 소년이 조난을 당한 뒤 배고픔과 추위, 공포로부터 어떻게 자신을 지키고 생존 기술을 익히는지 생생히 보여준다. 수능 모의고사에 지문이 자주 등장한다.

35 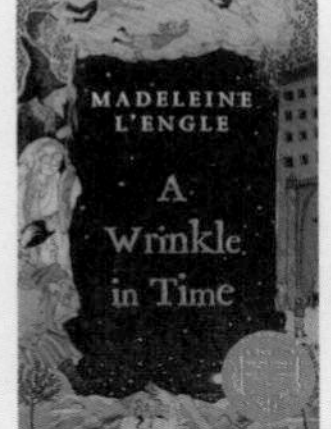

A Wrinkle in Time

by Madeleine L'Engle

우주의 공간을 치마 주름처럼 접어 먼 거리를 짧은 시간 안에 갈 수 있다는 것, '시간의 주름' 원리다. 알 수 없는 힘 때문에 우주에서 실종된 물리학자인 아빠를 구하기 위해 모험을 떠나는 소녀의 이야기.

36 

My Side of the Mountain

by Jean Craighead George

주인공 샘 그리블리는 혼자 힘으로 산에서 살고 싶다는 꿈을 갖고 있다. 어느 날 꿈을 실현하기 위해 증조할아버지가 살았던 캐츠킬산으로 떠난다. 나무 속을 파내 집을 만들고, 바다 매를 길들여 토끼를 사냥하며 자연과 더불어 살아가는 법을 배우는 과정이 생생하게 묘사되어 있어 실화처럼 느껴진다.

37 

The Cricket in Times Square

by George Selden / Garth Williams

시골 쥐 체스터는 어느 날 소풍 가방에 갇혀 뉴욕에 오게 된다. 체스터는 가판대에서 신문을 파는 마리오 가족의 눈에 띄게 되고 함께 살게 된다. 우연히 체스터가 아름다운 음악을 낼 수 있다는 걸 알게 된 고양이 터커는 마리오 가족을 위해 공연을 준비하고 덕분에 신문은 매일 완판된다. 체스터의 연주에 모두 행복해하고 체스터는 듬뿍 사랑을 받지만 기쁘지만은 않다.

38

The Book Thief

by Markus Zusak

제2차 세계대전, 독일에 살던 9살 소녀 리젤은 부모와 남동생을 잃고 노부부에게 입양된다. 리젤은 죽은 남동생을 공동묘지에 묻을 때 묘지기가 떨어뜨린 책을 몰래 훔치고, 그 책으로 글을 배우기 시작한다. 그 후 리젤은 삶의 굴곡을 지날 때마다 책을 훔치고 몇 번이고 읽는다. 전쟁의 증오와 공포 대신 사랑과 희망의 단어를 심는 책. 이야기의 화자가 저승사자이다.

39

Jacob Have I Loved

by Katherine Paterson

쌍둥이 자매인 사라와 캐롤라인. 사라는 몸이 튼튼하다는 이유로 배를 타고 게를 잡아서 돈을 벌어오고 동생인 캐롤라인은 그 돈으로 성악을 배우러 떠난다. 기회는 누가 주는 게 아니라 스스로 만들어야 한다. 상대방과 나를 비교하며 질투하고 미워할 것이 아니라 자신의 삶을 소중하게 살아야 한다는 걸 깨달으며 성장하는 이야기.

40 

Island of the Blue Dolphins

by Scott O'Dell

카라나의 가족과 부족민과 수달 사냥을 하러 온 러시아 사냥꾼 사이에 싸움이 벌어진다. 이 싸움으로 많은 부족민이 죽게 되고, 부족장은 이주를 결정한다. 배를 탈 줄 모르는 동생을 버리고 떠날 수 없던 카라나는 섬에 남기로 한다. 18년간 섬에서 홀로 살다 발견된 인디언 소녀의 실화를 바탕으로 한 책. 그녀에게 일어나는 사건들을 읽노라면 가슴을 졸이게 된다.

41 

Pippi Longstocking

by Astrid Lindgren / Louis S. Glanzman

이렇게 캐릭터 짱짱한 책이 또 있을까? 주근깨 가득, 양쪽으로 땋은 빨간 머리, 짝짝이 롱스타킹 삐삐. 늘 삐삐 곁에 있는 토미와 아니카. 구속받지 않는 환경 속에 사는 자유롭고 순수한 영혼의 삐삐는 인생 언제 만나도 우리의 친구다.

42

Jeremy Fink and the Meaning of Life

by Wendy Mass

집 주변을 벗어나 본 적 없는 소심하고 낯가림 심한 제레미와 왈가닥 소녀 친구 리찌의 모험 이야기. 제레미에게 생일 선물로 4중 잠금장치가 되어 있는 나무 상자가 배달된다. 돌아가신 아빠가 남긴 선물. 그 상자를 열기 위해 제레미는 리찌와 함께 열쇠를 찾아 나서는데….

43

NIM's Island

by Wendy Orr / Kerry Millard

열한 살 소녀 님은 해양 과학자인 아버지와 작은 섬에서 살고 있다. 어떤 상황도 두려움 없이 척척 해결할 만큼 강한 님. 연구차 섬을 떠난 아빠와 연락이 끊기고 님은 섬에 홀로 남는다. 아빠의 노트북에서 모험 소설가 알렉스의 이메일 주소를 발견하고 그와 메일을 주고받으며 섬을 관리하는 데 도움을 받는다. 설상가상 님이 사는 섬에 해적단이 들이닥치고, 님은 알렉스가 도와주기를 기다리는데…. 알렉스는 모험 소설가지만 여행을 좋아하지 않는 까칠한 여성 작가이다.

44 

The Great Adventures of Sherlock Holmes

by Sir Arthur Conan Doyle

클래식한 수사의 매력에 빠져보시라. 최첨단 과학 수사가 없어도 꼼꼼한 관찰력, 본능적으로 탁월한 감각, 인간 본성에 대한 이해, 호기심, 추리력, 논리를 갖춘 명탐정이 어려운 사건을 해결하는 과정이 꽤 흥미진진하다.

45 

Flowers for Algernon

by Daniel Keyes

신체 나이는 32살이지만 지능은 7살인 빵 가게 점원 찰리. 부모에게도 버림받은 신세이지만 꽤 긍정적으로 삶을 살아간다. 세상과 소통하기 위해서는 글을 알아야 한다고 생각해 열심히 공부한다. 어느 날 저명한 과학자가 찰리에게 뇌수술로 지능을 높여주겠다고 제안한다. 수술 덕분에 찰리는 IQ 185의 천재로 다시 태어난다. 그러나 기쁨도 잠시, 자신이 받은 차별을 인식하게 된 주인공은 괴로워하고 건강도 나빠진다.

46

Dracula

by Bram Stoker

이야기는 조나단 하커라는 영국인이 루마니아 트란실바니아의 오래된 성에 사는 드라큘라 백작을 만나러 가는 것으로 시작된다. 성에 머무는 내내 알 수 없는 공포와 의문 속에 휩싸여 있던 하커는 흡혈귀의 포로가 되었음을 깨닫고 목숨을 건 탈출을 감행한다. 이야기는 음산한 분위기로 전개되지만 작가의 고풍스런 문체를 읽노라면 책의 품격을 느낄 수 있다.

47

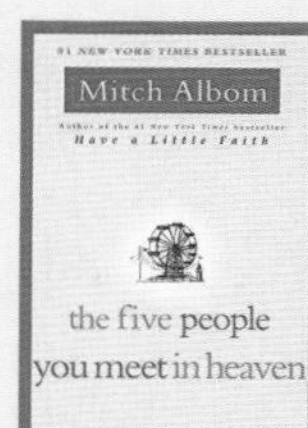

The Five People You Meet in Heaven

by Mitch Albom

첫 장은 주인공 에디의 죽음으로 시작한다. 에디는 천국에서 5명의 사람을 만난다. 그의 삶과 연관된 사람들로부터 5가지 깨달음을 얻는다. 살아 있는 동안 내 주변의 사람들과 일상이 소중하다는 것을 깨닫게 해주는 책.

48 

The Alchemist

by Paulo Coelho

종교와 신화, 무의식, 화학을 아우르는 방대한 연금술. 주인공 산티아고를 통해 인생의 꿈을 이루는 힘든 과정을 담백하게 풀어낸다. 연금술사는 원하는 꿈을 이룰 때까지 온 힘을 다하라고 말한다.

49 

A Long Walk to Water

by Linda Sue Park

2008년 남수단에서 매일 하루 8시간을 걸어 물을 길어오는 소녀 나야의 이야기와 1985년 내전이 일어난 남수단에서 도망쳐 가족과 뿔뿔이 흩어지고 몇 년을 걸어 난민 캠프에 도착하는 열한 살 소년 살바의 이야기가 번갈아 나온다. 끝까지 읽으면 이 두 이야기가 어떻게 맞닿아 있는지 알게 된다.

50 

Kira-Kira

by Cynthia Kadohata

1950년대 미국 남부 조지아주로 이민 온 일본인 가정의 삶을 십 대 소녀 케이티의 시선으로 그려내고 있다. 'Kira-Kira'는 반짝반짝을 뜻하는 일본어다. 힘든 현실 속에서도 끝까지 밝은 면을 보고자 하는 주인공 케이티의 바람을 나타내기도 한다.